21 世纪高职高专教材·机电系列

浙江省"十一五"重点教材建设项目

Protel 99 SE
电路设计与制板技术

（修订本）

叶建波　编著

U0361844

清华大学出版社

北京交通大学出版社

·北京·

内 容 简 介

《Protel 99 SE 电路设计与制板技术》为浙江省重点教材建设项目。本书从印制电路板设计方向的岗位出发，按照项目导入、任务驱动的原则共设置了 11 个项目，包括 Protel 99 SE 的安装与启动、电原理图设计入门、电原理图设计提高、电原理图元件绘制、电原理图设计实例、印制电路板设计基础、人工设计 PCB、PCB 封装绘制、PCB 自动布线、PCB 设计实例和 PCB 制板技术。

本书深入浅出，循序渐进，图文并茂，侧重于软件的实用性，用一些简单的实例使读者快速掌握软件的使用方法，在短时间内成为印制电路板设计的高手。

本书可作为高职高专类院校应用电子技术、信息电子技术、电气自动化技术、通信技术等机电类有关专业的教材，还可作为工程技术人员和培训班学员的参考书。

图书在版编目（CIP）数据

Protel 99 SE 电路设计与制板技术／叶建波编著. — 北京：清华大学出版社；北京交通大学出版社，2011.5（2021.8重印）

ISBN 978-7-5121-0563-8

Ⅰ. ① P… Ⅱ. ① 叶… Ⅲ. ① 印刷电路-计算机辅助设计-应用软件，Protel 99 SE -高等职业教育-教材 Ⅳ. ① TN410.2

中国版本图书馆 CIP 数据核字（2011）第 096184 号

Protel 99 SE 电路设计与制板技术

Protel 99 SE DIANLU SHEJI YU ZHIBAN JISHU

责任编辑：解　坤

出版发行：清 华 大 学 出 版 社　　邮编：100084　　电话：010-62776969　　http://www.tup.com.cn

　　　　　北京交通大学出版社　　邮编：100044　　电话：010-51686414　　http://www.bjtup.com.cn

印　刷　者：北京时代华都印刷有限公司

经　　　销：全国新华书店

开　　　本：185 mm×260 mm　　印张：16　　字数：400 千字

版　　　次：2011 年 5 月第 1 版　　2019 年 7 月第 1 次修订　　2021 年 8 月第 7 次印刷

书　　　号：ISBN 978-7-5121-0563-8/TN·77

印　　　数：10 001～11 000 册　　定价：39.00 元

本书如有质量问题，请向北京交通大学出版社质监组反映。对您的意见和批评，我们表示欢迎和感谢。

投诉电话：010-51686043，51686008；传真：010-62225406；E-mail：press@bjtu.edu.cn。

前　　言

Protel 99 SE 是澳大利亚 Protel Technology 公司（现在改名为 Altium 公司）推出的电子线路设计和布线的软件，专门用于 Windows 操作系统下进行印制电路板设计，其中集成了一系列的电路设计工具，如高级设计技巧、智能布局和自动布线、全新的文件管理方式和网络设计机制，可以实现电路的真正高效并行设计。掌握 Protel 99 SE 的使用，设计者可以轻松实现从原理图设计到最终电路板输出的所有工作，可以轻松地驾驭电子线路设计的全过程。同时 Protel 系列软件的良好信誉、兼容性及 Protel 99 SE 的卓越表现使之成为国内 EDA 用户的首选软件。

作者在 2005 年编写了《EDA 技术——Protel 99 SE & EWB 5.0》一书，该书出版后深受广大读者的喜爱，已经过 7 次重印。经过这几年的教学和应用研究，作者对 Protel 99 SE 软件有了更深的了解，为适应项目导向教学的需要，本书对每个项目的教学内容进行了精心的设计与编排，按照项目导入、任务驱动的原则进行编写，每个项目均以实际工作任务开始，删去了原来 EWB 5.0 这部分内容，并增加了印制电路板制板工艺方面的内容，使本教材更具有实用性和可操作性。

本书从印制电路板设计方向的岗位出发，按照项目导入、任务驱动的原则共设置了 11 个项目，包括 Protel 99 SE 的安装与启动、电原理图设计入门、电原理图设计提高、电原理图元件绘制、电原理图设计实例、印制电路板设计基础、人工设计 PCB、PCB 封装绘制、PCB 自动布线、PCB 设计实例和 PCB 制板技术。

本书在写法上深入浅出，循序渐进，图文并茂，侧重于软件的实用性，用一些简单的实例使读者快速掌握软件的使用方法，在短时间内成为印制电路板设计的高手。

在编写过程中得到了湖南科瑞特科技股份有限公司的大力支持，提供了印制电路板制板工艺方面的资料，公司技术培训中心对 PCB 制板技术项目内容进行了审核与修改，在此一并表示衷心的感谢。

虽然本书经过作者的努力，但书中难免存在错误和疏漏，恳请读者批评指正。

作者电子邮件地址：yjbhp@sina.com。

作者

2011 年 2 月 6 日于宁波

目　　录

项目1　Protel 99 SE 的安装与启动

任务目标：

- ☑ 了解 Protel 99 SE
- ☑ 熟悉 Protel 99 SE 的运行环境
- ☑ 掌握 Protel 99 SE 的安装与启动
- ☑ 掌握系统参数的设置
- ☑ 了解 Protel 99 SE 项目设计组管理

任务 1.1　了解 Protel 99 SE

Protel 99 SE 是澳大利亚 Protel Technology 公司（现在改名为 Altium 公司）推出的电子线路设计和布线的软件，专门用于 Windows 操作系统下进行印制电路板设计，其中集成了一系列的电路设计工具，如高级设计技巧、智能布局和自动布线、全新的文件管理方式和网络设计机制，可以实现电路的真正高效并行设计。掌握 Protel 99 SE 的使用，设计者可以轻松实现从原理图设计到最终电路板输出的所有工作，可以轻松地驾驭电子线路设计的全过程。同时 Protel 系列软件的良好信誉、兼容性及 Protel 99 SE 的卓越表现使之成为国内 EDA 用户的首选软件。

Protel 软件包是 20 世纪 90 年代初由该公司研制开发的电子线路设计和布线的软件，该软件以其方便、易学、实用、快速的风格在我国电子行业中知名度很高，得到了广泛的应用。

1999 年 Protel Technology 公司正式将 Protel 99 SE 推向市场。Protel 99 SE 是应用于 Windows 操作系统下的 EDA 设计软件，采用设计库管理模式，可以进行联网设计，具有很强的数据交换能力和开放性及 3D 模拟功能；是一个 32 位的设计软件，可以完成电路原理图设计、印制电路板设计和可编程逻辑器件设计等工作，可以设计 32 个信号层，16 个电源、地线层和 16 个机加工层。

Protel 99 SE 主要由电路设计和电路仿真与可编程逻辑器件设计两大部分组成，每一部分各有几个模块。

1. 电路设计

1) Advanced Schematic 99 SE（电路原理图设计系统）

该模块是一个功能完备的电路原理图编辑器，主要用于电路原理图设计、电路原理图元件设计和各种电路原理图报表生成等。

2) Advanced PCB 99 SE（印制电路板设计系统）

该模块提供了一个功能强大和交互友好的 PCB 设计环境，主要用于 PCB 板设计、元件封装设计、产生印制电路板的各种报表及输出 PCB。

3）Advanced Route 99 SE（自动布线系统）

该模块是一个完全集成的无网格自动布线系统，布线效率高，使用方便。

4）Advanced Integrity 99 SE（PCB 信号完整性分析系统）

该模块提供精确的板级物理信号分析，可以检查出串扰、过冲、下冲、延时和阻抗等问题，并能自动给出具体解决方案。

2. 电路仿真与可编程逻辑器件设计

1）Advanced SIM 99 SE（电路仿真系统）

该模块是一个基于最新 Spice 3.5 标准的仿真器，并与 Protel 99 SE 的电路原理图设计环境完全集成，为用户的设计前端提供了完整、直观的解决方案。

2）Advanced PLD 99 SE（可编程逻辑器件设计系统）

该模块是一个集成的 PLD 开发环境，可以使用电路原理图或 CUPL 硬件描述语言作为设计前端，全面支持各大厂家器件，能提供符合工业标准 JEDEC 的输出。

本书主要介绍 Protel 99 SE 软件中的 Advanced Schematic 99 SE（电路原理图设计系统）、Advanced PCB 99 SE（印制电路板设计系统）和 Advanced Route 99 SE（自动布线系统）三个模块。

任务 1.2　Protel 99 SE 的安装

1.2.1　Protel 99 SE 的运行环境

Protel 99 SE 对系统的硬件和软件要求都比较高，而且系统运行时占据较大的内存空间，如果系统配置不足，有可能发生频繁的死机现象，导致 Protel 99 SE 运行失常，因此建议读者尽可能更好地配置计算机。

运行 Protel 99 SE 的操作系统为 Windows 2000/Windows XP，建议使用 Windows XP。运行 Protel 99 SE 系统的硬件环境，建议最好采用如下配置。

（1）CPU：Pentium Ⅱ 1 GHz 以上。

（2）内存：128 MB 以上。

（3）硬盘：安装 Protel 99 SE 后，系统硬盘至少要有 300 MB 以上的空间。

（4）显示器：17 英寸以上。

（5）显示分辨率：1 024×768 像素以上。

（6）最好配有打印机或绘图仪。

1.2.2　安装 Protel 99 SE

1. Protel 99 SE 的安装步骤

Protel 99 SE 的安装非常简单，只需按照安装向导的指引操作即可，安装步骤如下。

（1）将 Protel 99 SE 软件光盘放入计算机光盘驱动器中。

（2）放 Protel 99 SE 系统光盘后，系统将激活自动执行文件，屏幕出现图 1-1 所示的欢迎信息框。如果光驱没有自动执行的功能，可以在 Windows 环境中打开光盘中的 Protel 99 SE 文件夹，运行其中的 "setup. exe" 文件，进入安装程序。

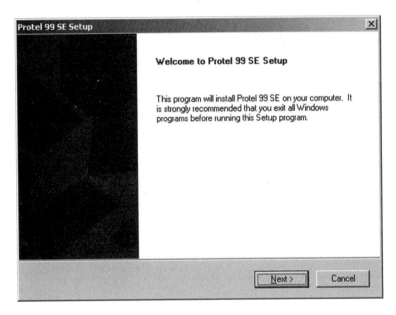

图 1-1　欢迎信息框

（3）单击 Next 按钮，屏幕弹出用户注册对话框，提示输入序列号及用户信息，正确输入供应商提供的序列号后，如图 1-2 所示，单击 Next 按钮进入下一步。

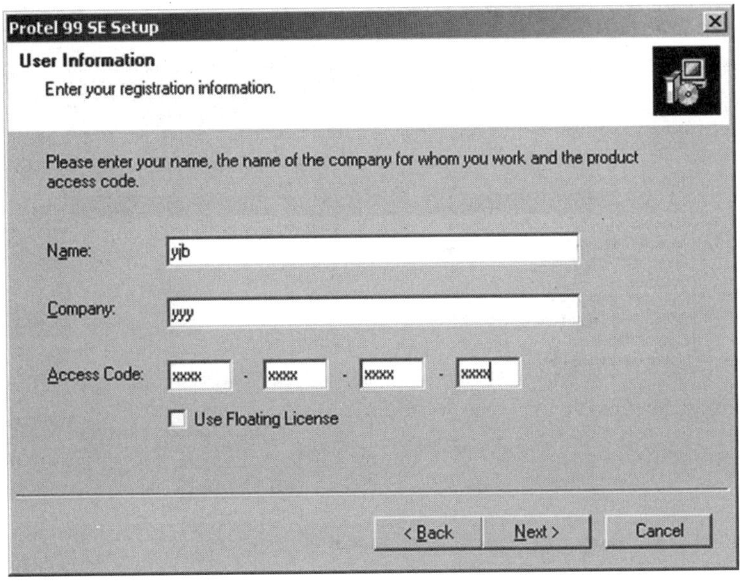

图 1-2　用户注册对话框

（4）屏幕提示选择安装路径，一般不作修改。再次单击 Next 按钮，选择安装模式，一般选择典型安装（Typical）模式，为系统默认的安装模式，如图 1-3 所示。继续单击 Next 按钮，屏幕提示指定存放图标文件的程序组位置。

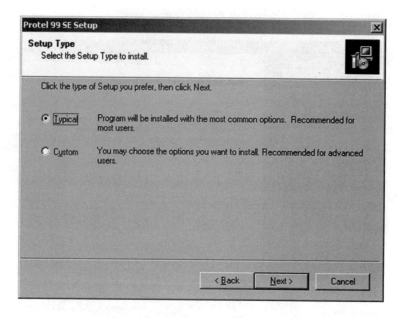

图 1-3　选择安装模式

（5）设置好程序组，单击 Next 按钮，如图 1-4 所示，系统开始复制文件。

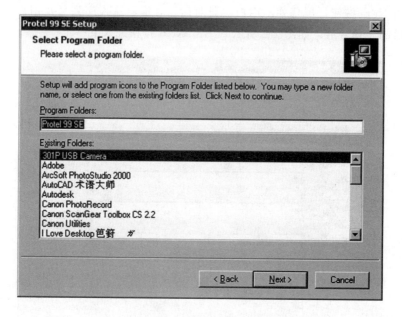

图 1-4　设置程序组

（6）系统安装结束，屏幕提示安装完毕，单击 Finish 按钮，结束安装。至此，Protel 99 SE 软件安装完毕，系统在桌面产生 Protel 99 SE 的快捷方式。

2. Protel 99 SE 补丁软件的安装

Protel 公司相继发布了一些补丁软件，目前最新的补丁软件版本为 Protel 99 SE Service Pack 6。该软件由 Protel 公司免费提供给用户。如果 Protel 99 SE 软件光盘中附带 Protel 99

SE Service Pack 6 补丁软件，就可直接执行该补丁文件（protel99seservicepack6. exe），如图 1-5 所示。

图 1-5　Protel 99 SE Service Pack 6 补丁软件

下载补丁软件后，同样执行该补丁文件（protel99seservicepack6. exe），屏幕出现版权说明，如图 1-6 所示，单击 I accept the terms of the License Agreeement and wish to CONTINUE 按钮。屏幕弹出安装路径设置对话框，如图 1-7 所示，单击 Next 按钮，软件自动进行安装。

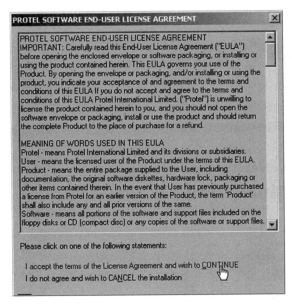

图 1-6　SP6 补丁文件版权说明

图 1-7　SP6 补丁安装路径

任务 1.3　Protel 99 SE 的启动

1.3.1　启动 Protel 99 SE

1. 启动 Protel 99 SE 的常用方法

启动 Protel 99 SE 的常用方法有如下 3 种。

（1）用鼠标双击 Windows 桌面的快捷方式图标，启动 Protel 99 SE。

（2）单击 Windows 任务栏的开始图标，在程序菜单中选择 Protel 99 SE 命令，如图 1-8 所示，启动 Protel 99 SE。

（3）通过双击 Protel 99 SE 的设计数据库文件（扩展名为 .Ddb），如图 1-9 所示，启动 Protel 99 SE。

图 1-8　开始菜单启动

图 1-9　设计数据库文件启动

2. 进入 Protel 99 SE 主界面

Protel 99 SE 启动后，屏幕出现如图 1-10 所示的启动画面，几秒钟后，系统进入 Protel 99 SE 主窗口，如图 1-11 所示。

图 1-10　Protel 99 SE 启动画面

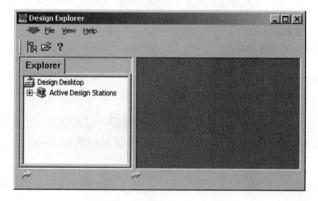

图 1-11　Protel 99 SE 主窗口

执行菜单命令 File | New 可以建立一个新的设计数据库，屏幕弹出图 1-12 所示的新建设计数据库文件对话框，在 Database File Name 框中可以输入新的数据库文件名，系统默认为"MyDesign. ddb"，单击 Browse 按钮可以修改数据库文件的保存位置；单击 Password 选项卡可进行密码设置，所有内容设置完毕，单击 OK 按钮进入项目设计管理窗口，如图 1-13 所示。

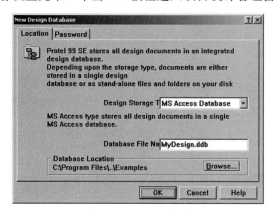

图 1-12　新建设计数据库文件对话框

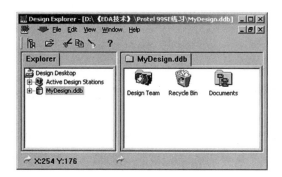

图 1-13　项目设计管理窗口

3. 启动各种编辑器

进入图 1-13 所示的界面后，双击 Documents 文件夹确定文件存放位置，然后执行菜单命令 File | New，屏幕弹出新建文件对话框，如图 1-14 所示，双击所需的文件类型，进入相应的编辑器。

图 1-14　新建文件对话框

在图 1-14 中所示的文件类型图标共有 10 个，每一个图标代表了不同的文件类型。表 1-1 中给出了各个图标所代表的文件类型。

表 1-1　新建文件类型

图　标	文　件　类　型	图　标	文　件　类　型
CAM output configura...	生成 CAM 制造输出配置文件	Schematic Document	原理图文件
Document Folder	文件夹	Schematic Librar...	原理图元件库文件
PCB Document	PCB 文件	Spread Sheet Document	表格文件
PCB Library Document	PCB 元件封装库文件	Text Document	文本文件
PCB Printer	PCB 打印文件	Waveform Document	波形文件

1.3.2　系统参数设置

根据用户使用的操作系统不同，Protel 99 SE 在使用前一般需要对软件系统参数进行一些设置。

用鼠标单击图 1-13 所示 File 菜单左边的 ⬇ 按钮，屏幕弹出图 1-15 所示的菜单选项，从中选择 Preferences 命令，屏幕出现图 1-16 所示的系统参数设置对话框。

图 1-15　菜单选项

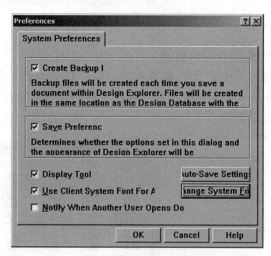

图 1-16　系统参数设置对话框

选中 Create Backup Files 复选框，系统将自动备份设计文件；选中 Save Preferences 复选框，则在系统设计时保存对话框中设置的选项和电路原理图设计软件的外观；选中

Display Tool Tips 复选框，电路中可以显示工具栏。一般以上三个复选框均要选中。Preferences 对话框中还有两个按钮，意义分别如下。

1. 自动备份设置

单击图 1-16 中的 Auto-Save Settings 按钮，屏幕弹出图 1-17 所示的自动备份设置对话框，其中 Number 框中设置一个文件的备份数；Time Interval 框中设置自动备份的时间间隔，单位为 min；单击 Browse 按钮可以指定保存备份文件的文件夹。

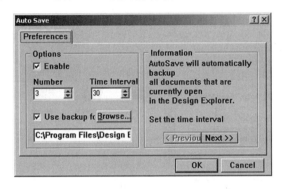

图 1-17　自动备份设置对话框

2. 系统字体设置

单击图 1-16 中的 Change System Font 按钮，屏幕弹出图 1-18 所示的系统字体设置对话框，选择字体、字形、字号大小、字体颜色等，单击确定按钮，完成系统字体设置，图中所选择的是系统默认字体。

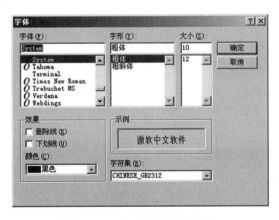

图 1-18　系统字体设置对话框

任务 1.4　Protel 99 SE 项目设计组管理

利用项目设计组管理设计数据库文件是 Protel 99 SE 的一个特点。

Protel 99 SE 是以 Design Database（设计数据库）的形式管理 .ddb 文件中的所有信息。Protel 99 SE 支持网络操作，支持团队开发，允许多个用户同时操作设计数据库，并提供了一系列安全保证，这些功能都是通过设计组管理实现的。

　　在每个数据库中，都带有默认的设计组（DesignTeam），包括 Members、Permissions 和 Sessions 三个文件夹。其中，Members 文件夹包含能够访问该设计数据库的所有成员列表；Permissions 文件夹包含各成员的权限列表；Sessions 文件夹是设计数据库的网络管理，包含处于打开状态的属于该设计数据库的文档或者文件夹的窗口名称列表。

　　回收站 Recycle Bin 用于存放临时性删除的文档。Documents 文件夹一般用于存放用户建立的文件夹和各种文档，如图 1-19 所示。

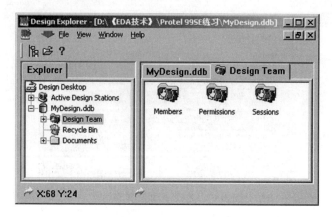

图 1-19　设计工作组

　　Members 自带两个成员，即系统管理员（Admin）和客户（Guest）。当新建一个项目数据库时，一般建库者即为该项目的系统管理员，他可以设置密码、创建设计组成员和设置成员的工作权限。

1. 系统管理员操作

1）设置系统管理员密码

　　双击图 1-19 中的 Members 图标，屏幕弹出图 1-20 所示的设计组成员窗口，显示当前已存在的设计组成员。双击窗口中的 Admin 图标，屏幕弹出系统管理员密码设置对话框，如图 1-21 所示，在 Password 框中输入密码，并在 Confirm 框中再次输入相同密码，单击 OK 按钮完成密码设置。

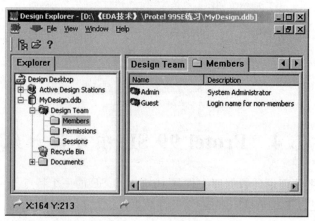

图 1-20　设计组成员窗口

2）创建设计组成员

在图 1-20 的右边框中空白处单击鼠标右键，在弹出的快捷菜单中选择 New Member，选中该菜单，屏幕弹出创建设计组成员对话框，如图 1-22 所示，Description 为成员描述，此时可以自行创建设计组成员，并设置密码。

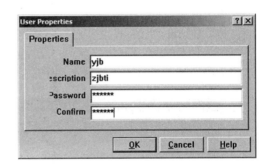

图 1-21　系统管理员密码设置对话框　　　　图 1-22　创建设计组成员对话框

3）设置设计组成员的工作权限

在图 1-19 所示的设计组（Design Team）中，双击 Permissions 图标，屏幕弹出图 1-23 所示的 Permissions 选项卡。在图 1-23 中再次单击鼠标右键，弹出 New Rule 菜单，选定它会弹出一个工作权限设置对话框，如图 1-24 所示。根据对话框可以设置各个成员的工作权限，工作权限包括各个成员对设计数据库里的文件进行读（R）、写（W）、删除（D）、创建（C）等操作的权利。User Scope 为用户范围，单击 User Scope 下拉列表框右边的下拉按钮，从成员列表中选择相应的成员名；Document Scope 为作用范围，在文本框中可以输入文件或文件夹的内部路径，即该成员的权限范围，图 1-24 中所示的"＼"表示其作用范围是设计数据库文件的根目录及其各子目录；Permissions 为权限设置，默认时选中所有权限。

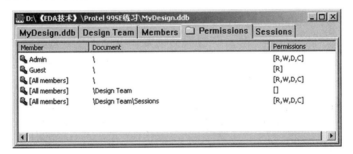

图 1-23　Permissions 选项卡

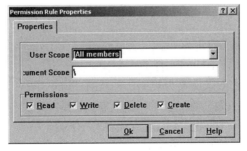

图 1-24　工作权限设置对话框

一旦把数据库设计成项目工作组模式时，每次启动设计数据库，每个工作组成员只能根据各自的密码在各自被分配的权限范围内进行设计工作。强调指出，设计组的成员及权限只与某个设计数据库有关，它们在不同数据库之间是独立的。

2. 锁定文档

在多个成员对同一设计数据库进行操作时，有些成员希望其他成员不能更改自己正在操作的文档，Protel 99 SE 提供了对打开文档锁定的功能。

在图 1-19 所示的设计组（Design Team）中，双击 Sessions 文件夹，选中要锁定的文档名单击鼠标右键，选择弹出菜单中的 Lock 命令锁定文档，如图 1-25 所示。

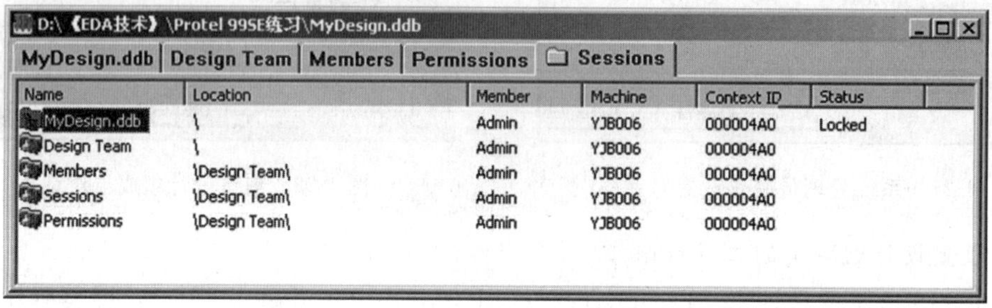

Name	Location	Member	Machine	Context ID	Status
MyDesign.ddb	\	Admin	YJB006	000004A0	Locked
Design Team	\	Admin	YJB006	000004A0	
Members	\Design Team\	Admin	YJB006	000004A0	
Sessions	\Design Team\	Admin	YJB006	000004A0	
Permissions	\Design Team\	Admin	YJB006	000004A0	

图 1-25 锁定文档

要解除对文档的锁定，打开 Sessions 视图窗口，在要解除锁定的文档名上单击右键，选择弹出菜单中的 Unlock 命令即可。

项目小结

本项目主要介绍了以下内容。

（1）Protel 99 SE 概述和组成。

（2）Protel 99 SE 的运行环境和系统参数的设置，有助于更好地运用这个 EDA 软件。

（3）Protel 99 SE 的 3 种常用启动方法，同时还介绍了各种编辑器的启动。

（4）Protel 99 SE 项目设计组管理，包括设计数据库文件的结构，对新成员的增加、删除，密码的设置与修改，权限的设置与修改，以及设计数据库的网络管理。这些内容都是针对多用户的，因此所建的设计数据库文件应带有登录密码。若读者是单用户使用设计数据库，可以绕过这些内容。

项目练习

1. Protel 99 SE 由哪些模块组成？

2. Protel 99 SE 有哪几种不同的文件类型？

3. 将 Protel 99 SE 系统字体设置为规则、8 号的 Times New Roman 字体。

4. 新建一个设计数据库文件，在该文件中建立新成员 M1、M2，设置密码，其权限分别为：

    M1   \ Documents   Read、Write、Delete、Create

    M2   \ Documents   Read、Write

项目 2　电原理图设计入门

任务目标：

- ☑ 了解 Protel 99 SE 电原理图设计流程
- ☑ 熟悉电原理图编辑器的设置
- ☑ 熟悉加载电原理图元件库的方法
- ☑ 掌握放置电原理图设计对象
- ☑ 掌握电原理图元件的编辑与操作

任务 2.1　认识电原理图设计流程

根据电原理图自动转换成印制电路板图是 Protel 99 SE 的重要功能之一，因此首先介绍印制电路板设计的一般步骤。

2.1.1　印制电路板设计的一般步骤

利用 Protel 99 SE 进行印制电路板的设计，整个过程需要三个步骤。

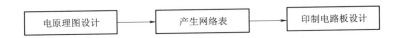

（1）电原理图设计（SCH）：利用 Protel 99 SE 的电原理图设计系统，绘制完整的、正确的电原理图。

（2）产生网络表：网络表是表示电原理图或印制电路板中元件连接关系的文本文件，是连接电原理图与印制电路板图的桥梁。

（3）印制电路板设计（PCB）：根据电原理图，利用 Protel 99 SE 提供的强大的 PCB 设计功能，进行印制电路板的设计。

2.1.2　电原理图设计的一般流程

电原理图设计是整个电路设计的基础，它决定了后面工作的进展。电原理图设计的一般流程如下，根据实际情况可以进行适当的调整。

（1）新建电原理图文件。

（2）启动电原理图编辑器。

（3）设置图纸和工作环境。

（4）加载元件库。

（5）放置元器件。

（6）调整元器件布局。

（7）进行布线及调整。

（8）报表文件的生成。

（9）文件的保存与输出。

任务 2.2　电原理图的设计准备

2.2.1　新建电原理图文件

1）新建设计数据库文件

启动 Protel 99 SE，执行菜单命令 File | New Design，屏幕如图 1-12 所示，选择保存文件的路径，输入设计数据库文件名后，单击 OK 按钮，就进入项目设计管理窗口，如图 1-13 所示。

2）新建电原理图文件

若要建立电原理图文件，选择菜单命令 File | New，屏幕显示如图 1-14 所示的对话框，选择要创建文件类型的图标，即选择 Schematic Document（电原理图文件），然后单击 OK 按钮。建立电原理图文件的窗口如图 2-1 所示，双击电原理图文件 Sheet1.Sch，就可以进入电原理图编辑器。

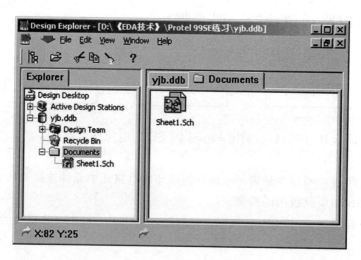

图 2-1　新建电原理图文件

2.2.2　电原理图编辑器

图 2-2 所示为电原理图编辑器，包括菜单栏、主工具栏、设计管理器窗口、工作窗口、状态栏等。电原理图编辑器有两个窗口，左边的窗口称为设计管理器窗口，右边的窗口称为工作窗口。

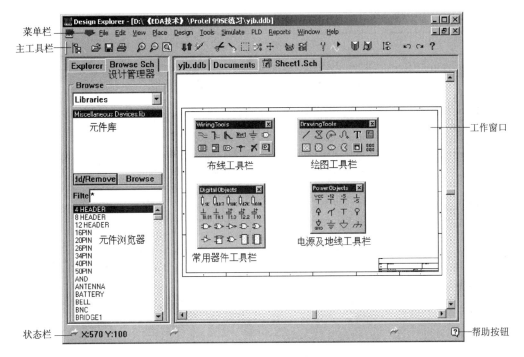

图 2-2 电原理图编辑器

Protel 99 SE 提供形象直观的工具栏，用户可以通过单击工具栏上的按钮来执行常用的命令。主工具栏的按钮功能如表 2-1 所示。

表 2-1 主工具栏按钮功能

按　钮	功　　　能
	(View │ Design Manager)：切换显示文档管理器
	(File │ Open)：打开文档
	(File │ Save)：保存文档
	(File │ Print)：打印文档
	(View │ Zoom In)：画面放大
	(View │ Zoom Out)：画面缩小
	(View │ Fit Document)：显示整个文档
	(Tools │ Up/Down Hierarchy)：层次电原理图的层次转换
	(Place │ Directives │ Probe)：放置交叉探测点
	(Edit │ Cut)：剪切选中对象
	(Edit │ Paste)：粘贴操作

续表

按　钮	功　　能
	(Edit｜Select｜Inside)：选择选项区域内的对象
	(Edit｜Deselect｜All)：撤销选择
	(Edit｜Move｜Move Selection)：移动选中对象
	(View｜Toolbar｜Drawing Tools)：打开或关闭绘图工具栏
	(View｜Toolbar｜Wiring Tools)：打开或关闭布线工具栏
	(Simulate｜Setup)：仿真分析设置
	(Simulate｜Run)：运行仿真器
	(Design｜Add/Remove)：加载或移去元件库
	(Design｜Browse Library)：浏览已加载的元件库
	(Edit｜Increment Part)：增加元件的单元号
	(Edit｜Undo)：取消上次操作
	(Edit｜Redo)：恢复取消的操作
	激活帮助

除主工具栏外，系统还提供了其他一些常用工具栏，如图 2-2 中的布线工具栏、绘图工具栏、常用器件工具栏、电源及地线工具栏等。工具栏的具体使用方法，将在后面的操作中介绍。

执行菜单命令 View｜Design Manager，可以打开或关闭设计管理器；执行菜单命令 View｜Toolbars，可以选择打开或关闭所需的工具栏。

为了保证元件浏览器显示完整，在实际使用中，必须把显示器的分辨率设置为 1 024×768 像素以上。

2.2.3　图纸设置

在开始设计电原理图之前，一般要先设置图纸参数，设置合适的图纸是设计好电原理图的第一步，必须根据实际电原理图的规模和复杂程度而定。

1. 图纸格式设置

执行菜单命令 Design｜Options，或在图纸区域内单击鼠标右键，在弹出的快捷菜单中选择 Document Options。系统弹出 Document Options 对话框，如图 2-3 所示，选择 Sheet Options（图纸设置）选项卡。

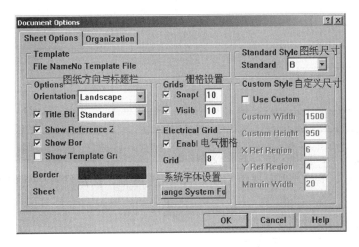

图 2-3 Document Options 对话框

Protel 99 SE 中使用的尺寸是英制，它与公制之间的关系是：

1 inch = 25.4 mm

1 inch = 1 000 mil

1 mil = 0.025 4 mm   100 mil = 0.1 inch = 2.54 mm

1 mm = 40 mil

选项卡中的内容说明如下。

(1) Standard Style 选项区域：设置图纸尺寸。

单击 Standard 旁边的下拉按钮，可从中选择图纸的尺寸。Protel 99 SE Schematic 提供了多种英制或公制图纸尺寸。见表 2-2。

表 2-2　Protel 99 SE Schematic 提供的标准图纸尺寸

尺　寸	宽度×高度/inch	宽度×高度/mm
A	11.00×8.50	279.40×215.90
B	17.00×11.00	431.80×279.40
C	22.00×17.00	558.80×431.80
D	34.00×22.00	863.60×558.80
E	44.00×34.00	1 117.60×863.60
A4	11.69×8.27	297×210
A3	16.54×11.69	420×297
A2	23.39×16.54	594×420
A1	33.07×23.39	840×594
A0	46.80×33.07	1 188×840
ORCAD A	9.90×7.90	251.46×200.66
ORCAD B	15.40×9.90	391.16×251.46
ORCAD C	20.60×15.60	523.24×396.24
ORCAD D	32.60×20.60	828.04×523.24

续表

尺 寸	宽度×高度/inch	宽度×高度/mm
ORCAD E	42.80×32.80	1 087.12×833.12
Letter	11.00×8.50	279.4×215.9
Legal	14.00×8.50	355.6×215.9
Tabloid	17.00×11.00	431.8×279.4

（2）Custom Style 选项区域：自定义图纸尺寸。

要自定义图纸尺寸，首先要选中 Use Custom 复选框，以激活自定义图纸功能。区域中的内容说明如下。

Custom Width：设置图纸宽度。

Custom Height：设置图纸高度。

X Ref Region：设置 X 轴框参考坐标刻度。

Y Ref Region：设置 Y 轴框参考坐标刻度。

Margin Width：设置图纸边框宽度。

（3）Options 选项区域：图纸显示参数的设置。

在这个区域中，用户可以对图纸方向、标题栏、图纸边框等进行设置。

Orientation：设置图纸方向，有两个选项。Landscape——水平放置；Portrait——垂直放置。

Title Block：设置图纸标题栏，有两个选项。Standard——标准型模式；ANSI——美国国家标准协会模式。选中图 2-3 中 Title Block 前的复选框，则显示标题栏，否则不显示。

Show Reference Zone：显示图纸参考边框，一般设置为选中则显示。

Show Border：显示图纸边框，一般设置为选中则显示。

Border Color：设置图纸边框颜色。

Sheet Color：设置图纸底色设置。

2. 图纸信息设置

在图 2-3 中选中 Organization 选项卡，设置图纸信息，如图 2-4 所示。

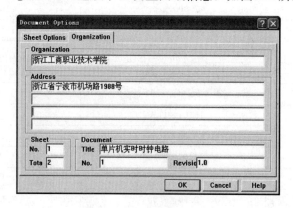

图 2-4 Organization 选项卡

选项卡中主要内容如下。

Organization 栏：用于填写设计者公司或单位的名称。

Address 栏：用于填写设计者公司或单位的地址。

Sheet 栏：No 用于设置电原理图的编号；Total 用于设置电原理图总数。

Document 栏：Title 用于设置本张电原理图的名称；No 用于设置图纸编号；Revision 用于设置电路设计的版本或日期。

2.2.4 栅格设置

1. 栅格尺寸设置

在图 2-3 所示 Sheet Options（图纸设置）选项卡中，Grids 选项区域用于图纸栅格尺寸设置。在 Protel 99 SE 中栅格类型主要有三种，即捕捉栅格、可视栅格和电气栅格。

Snap Grid：捕捉栅格。元件和线等图形对象只能放置在栅格上。栅格默认值 10 mil。

Visible Grid：可视栅格。屏幕显示的栅格，栅格默认值 10 mil。

Electrical Grid：电气栅格。它可以使连线的线端和元件引脚自动对齐，画图时非常方便。连线一旦进入电气栅格的捕捉范围时，就会自动地与元件引脚对齐，并显示一个大黑点。该黑点又称为电气热点。

三种栅格之间的关系：可视栅格主要用于显示，帮助画图人员认定元件的位置；捕捉栅格用于将元件、连线等放置在栅格上，使图形对齐好看，容易画图；而电气栅格用于连线，一般要求捕捉栅格的距离大于电气栅格的距离。如果捕捉栅格为 10 mil，则电气栅格设置为 8 mil。

有时放置文字时，由于位置的随意性，不需要把文字放在栅格上格，就应该去掉捕捉栅格。

① 可以使用菜单命令 View｜VisibleGrid 打开或关闭可视栅格。

② 可以使用菜单命令 View｜GridSnap 打开或关闭捕捉栅格。

③ 可以使用菜单命令 View｜Electrical 打开或关闭电气栅格。

2. 栅格形状和光标设置

1）栅格形状设置

Protel 99 SE 提供了两种不同形状的栅格：线状栅格（Lines）和点状栅格（Dot）。

执行菜单命令 Tools｜Preference，系统弹出 Preferences 对话框。在 Graphical Editing 选项卡中单击 Cursor/Grid Options 区域中 Visible 选项的下拉箭头，从中选择栅格的类型，如图 2-5 所示。设置完毕单击 OK 按钮。

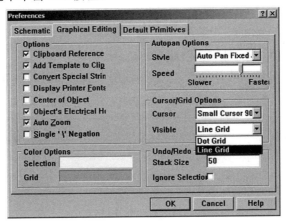

图 2-5 栅格形状设置

系统的默认设置是线状栅格。

2）光标设置

Protel 99 SE 可以设置光标在画图、连线和放置元件时的形状。

在图 2-5 的 Graphical Editing 选项卡中单击 Cursor/Grid Options 选项区域中 Cursor 选项的下拉箭头，从中选择光标形状，如图 2-6 所示，共有三个选项。

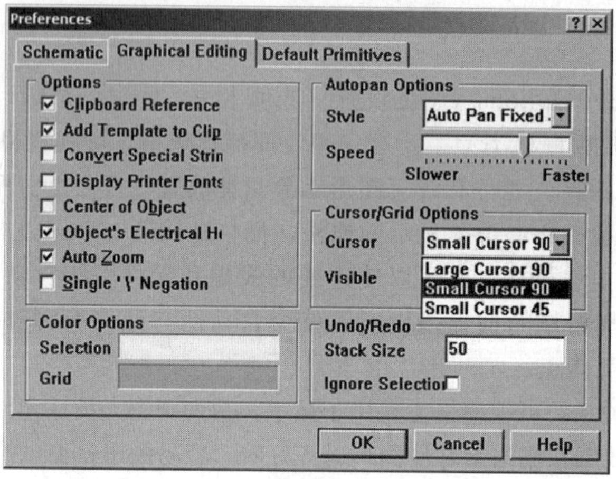

图 2-6 光标设置

Large Cursor 90：大十字光标。

Small Cursor 90：小十字光标。

Small Cursor 45：小 45°十字光标。

2.2.5 活动工具栏

在电原理图编辑器中，Protel 99 SE 提供了各种活动工具栏，有效地利用这些工具栏可以使设计工作更加方便、灵活，使操作更加简便，下面介绍几种常用的活动工具栏。

1. 布线工具栏

布线工具栏（Wiring Tools）提供了电原理图中电气对象的放置命令。打开或关闭布线工具栏的方法：

① 执行菜单命令 View | Toolbars | Wiring Tools；

② 第二种方法：单击主工具栏中的按钮。

布线工具栏中各按钮的功能详见表 2-3，其使用方法将在以后各节中介绍。

表 2-3 布线工具栏的按钮及功能

按　钮	功　能
	(Place | Wire)：画电气连线
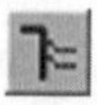	(Place | Bus)：画总线
	(Place | Bus Entry)：画总线分支线

续表

按　钮	功　　　能
Net1	(Place | Net Label)：放置网络标号
⏚	(Place | Power Port)：放置地线/电源符号
⊃-	(Place | Part)：放置元件
▭	(Place | Sheet Symbol)：画电路符号
▷	(Place | Add Sheet Entry)：画电路符号中的端口
▷	(Place | Port)：放置电路 I/O 端口
⊤	(Place | Junction)：放置连线连接点
✗	(Place | Directives | No ERC)：设置忽略电气检查规则标记
P	(Place | Directives | PCB Layout)：放置 PCB 布线指示符号

2. 绘图工具栏

绘图工具栏（Drawing Tools）提供了用来修饰、说明电原理图所需要的各种图形，如直线、曲线、多边形、文本等。

打开或关闭绘图工具栏的方法：

① 执行菜单命令 View ｜ Toolbars ｜ Drawing Tools；

② 单击主工具栏中的 按钮。

绘图工具栏中各按钮的功能详见表 2-4，这些工具的使用方法基本同 Windows 操作系统中的画图软件，这里就不再赘述。

表 2-4　绘图工具栏的按钮及功能

按　钮	功　　　能
／	(Place | Drawing Tools | Line)：绘连线
▧	(Place | Drawing Tools | Polygons)：绘多边形
⌒	(Place | Drawing Tools | Elliptical Arc)：绘椭圆弧
∿	(Place | Drawing Tools | Beziers)：绘曲线
T	(Place | Drawing Tools | Text)：放置文字
▤	(Place | Drawing Tools | Text Frame)：放置文本框
▢	(Place | Drawing Tools | Rectangle)：绘实心矩形

续表

按　　钮	功　　能
 ▢	（Place｜Drawing Tools｜Round Rectangle）：绘圆角矩形
 ◯	（Place｜Drawing Tools｜Elliptical）：绘椭圆
 ◁	（Place｜Drawing Tools｜Pie Chart）：绘圆饼
 ▣	（Place｜Drawing Tools｜Graphic）：放置图片
 ▦	（Edit｜Paste Array）：阵列粘贴

3. 电源及地线工具栏

电源及地线工具栏（Power Objects）提供了一些在绘制电原理图中常用的电源和接地符号。

打开或关闭电源及地线工具栏的方法：执行菜单命令 View｜Toolbars｜Power Objects。

4. 常用器件工具栏

常用器件工具栏（Digital Objects）提供了一些常用的数字器件。

打开或关闭常用器件工具栏的方法：执行菜单命令 View｜Toolbars｜Digital Objects。

2.2.6　常用热键

Protel 99 SE 提供了一些常用热键，在设计中熟练运用这些热键是非常便利的。

PgUp：放大视图。

PgDn：缩小视图。

End：刷新画面。

Tab：在元件浮动状态时，编辑元件属性。

Space bar：旋转元件或变更走线方式。

X：元件水平镜像。

Y：元件垂直镜像。

Esc：结束当前操作。

任务 2.3　加载电原理图元件库

绘制电原理图最重要的是放置元件符号。Protel 99 SE 电原理图的元件符号都分门别类地存放在不同的电原理图元件库中。

1. 电原理图元件库简介

电原理图元件库的扩展名是 .ddb。此 .ddb 文件是一个容器，它可以包含一个或几个具体的元件库，这些包含在 .ddb 文件中的具体元件库的扩展名是 .lib。

在这些具体的元件库中，存放不同类别的元件符号。例如，元件库 Protel DOS Schematic Libraries. ddb 中的 Protel DOS Schematic 4000 CMOS. lib 存放的是 4000 CMOS 系列的集成

电路符号，Protel DOS Schematic TTL. lib 存放的是 TTL74 系列的集成电路符号。

电原理图元件库文件在系统中的存放路径是 \ Program Files \ Design Explorer 99 SE \ Library \ Sch。

2. 加载电原理图元件库

要在电原理图编辑器中使用元件库，首先要将元件库加载到编辑器中。一般只载入必要且常用的元件库，而其他元件库等需要时再载入，装载元件库的步骤如下。

（1）打开（或新建）一个电原理图文件。

（2）在 Design Explore 管理器中选择 Browse Sch 选项卡。

（3）在 Browse 下面的下拉列表框中选择 Libraries。

（4）单击 Add/Remove 按钮，如图 2-7 所示。

（5）弹出 Change Library File List（加载或移出元件库）对话框，如图 2-8 所示。

（6）在存放元件库的路径 \ Program Files \ Design Explorer 99 SE \ Library \ Sch 下，选择所需元件库文件名，然后单击 Add 按钮，则所选元件库文件名出现在 Selected Files 显示框内。

（7）重复上述操作，可加载多个元件库，最后单击 OK 按钮关闭此对话框，加载完毕。

图 2-7　Browse Sch 选项卡

图 2-8 显示的是加载了元件库 Miscellaneous Devices. ddb、Protel DOS Schematic Libraries. ddb 和 Sim. ddb 后的情况。

若从电原理图中移出元件库，仍要在 Browse Sch 选项卡中单击 Add/Remove 按钮，在弹出的图 2-8 的 Selected Files 显示框中选中文件名，单击 Remove 按钮即可。

3. 浏览元件库

在图 2-7 所示的 Browse Sch 选项卡中，通过四个区域可以浏览元件库。

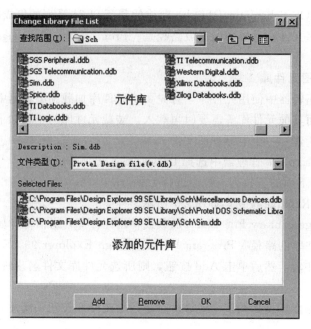

图 2-8 Change Library File List（加载或移出元件库）对话框

（1）元件库列表区：显示的是所有加载的元件库文件名。因为 .ddb 文件是个容器，里面包含一个或几个具体的元件库文件（扩展名为 .lib），所以元件库加载后，在电原理图管理器中显示的是这些具体的元件库文件名，如 Miscellaneous Devices.lib。

（2）元件过滤选项区：可以设置元件列表的显示条件，在条件中可以使用通配符"＊"，显示元件库中符合过滤条件的元件列表。

在图 2-7 中，元件过滤条件为 R＊，则在元件列表区内显示 Miscellaneous Devices.lib 中所有 R 打头的元件名。

（3）元件列表区：显示的是所有符合过滤条件的元件列表。

（4）元件图形浏览区：显示元件列表区选中元件的图形。

任务 2.4 放置电原理图设计对象

2.4.1 放置元件

1. 通过元件库浏览器放置元件

装入所需的元件库后，在元件库浏览器中可以看到元件库列表区、元件列表区及元件图形，如图 2-7 所示。选中所需元件库，则该元件库中的元件将出现在下方的元件列表区中，双击元件名称（如 NPN）或单击元件名称后按 Place 按钮，此时元件以虚线框的形式粘在光标上，元件处于浮动状态，如图 2-9 所示，按键盘上的 Tab 键，弹出图 2-10 所示的放置元件对话框，可以修改元件的属性。设置好元件属性后，将元件移动到合适位置后，再次单击鼠标，将元件放到图纸上，此时系统仍处于放置元件状态，如图 2-11 所示，可继续放置该类元件。单击鼠标右键可退出放置状态。

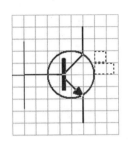

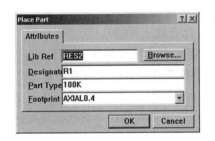

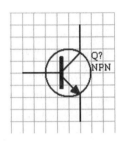

图 2-9　处于浮动状态的元件　　　图 2-10　放置元件对话框　　　图 2-11　处于放置状态的元件

2. 通过菜单放置元件

执行菜单命令 Place｜Part，或单击布线工具栏的 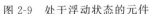 按钮，屏幕弹出图 2-10 所示的放置元件对话框，设置好元件属性后，单击 OK 按钮确认，此时元件便出现在光标处，单击左键放置。通过菜单方式放置元件可以一次性设置好元件属性。

3. 通过常用器件工具栏放置元件

执行菜单命令 View｜Toolbars｜Digital Objects，屏幕出现常用器件工具栏，如图 2-2 所示。常用器件工具栏中列举了常用规格的电阻、电容、与非门、寄存器等元件，可以很方便地选择这些元件，单击所需元件图标，即可放置对应元件。

4. 查找元件

在放置元件时，如果不知道元件在哪个元件库中，可以使用 Protel 99 SE 系统提供的强大的搜索功能，方便地查找所需元件。执行菜单命令 Tools｜Find Components 或者单击电原理图编辑器中 Browse Sch 选项卡中的 Find 按钮，如图 2-7 所示，打开图 2-12 所示的查找元件对话框。

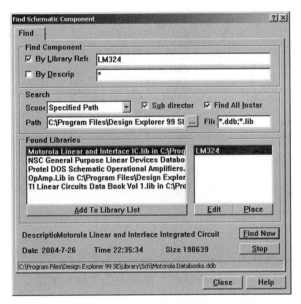

图 2-12　查找元件对话框

（1）Find Component 选项区域：指定查找元件的方式。

有两种方案：一是按元件名查找（By Library Rreferences），二是按元件描述查找（By

Description）。两种方案可以同时使用，通常采用第一种方案。

（2）Search 选项区域：指定查找元件的范围。

Scope 下拉列表框指定搜索元件的驱动器范围，其中有三个选项：

① All Drivers 选项指定系统查找计算机上所有的驱动器；

② Listed Libraries 选项指定在系统已经装载的元件库中查找元件；

③ Specified Path 选项指定在设定的路径下查找元件，同时在 Path 文本框中指定查找路径，一般默认路径是 Protel 99 SE 元件库所在的路径 \ Program Files \ Design Explorer 99 SE \ Library \ Sch。

（3）Found Libraries 选项区域：显示查找元件所在的元件库。

以查找集成运放电路 LM324 为例，在 Find Component 选项区域中的 By Library References 文本框中输入 "LM324"，按下 Enter 键或单击 Find Now 按钮，如图 2-12 所示，显示查找 LM324 的结果，图中显示在 5 个元件库中都有 LM324。

单击 Add To Library List 按钮，将查找到元件的元件库添加到元件管理器中，单击 Edit 按钮，可以编辑修改元件。单击 Place 按钮，将查找到的元件放置到鼠标当前位置。

5. 元件属性

Protel 99 SE 设计电原理图系统中所有的元件都具有自己的相关属性，熟悉元件属性的设置可以帮助调整元件的设置。在元件放置过程中，如果在元件浮动状态，按键盘上的 Tab 键，弹出图 2-13 所示的元件属性对话框，或者在已经放置的元件上双击鼠标也可以打开元件编辑对话框。

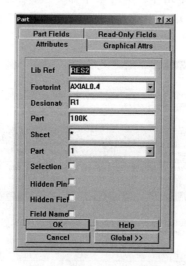

图 2-13　元件属性对话框

Protel 99 SE 中对电原理图元件符号设置了以下几个属性。

（1）Lib Ref（元件名称）：元件符号在元件库中的名称。如图 2-13 中的电阻符号在元件库中的名称是 RES2，在放置元件时必须输入，但不会在电原理图中显示出来。

（2）Footprint（元件的封装形式）：是元件的外形名称。一个元件可以有不同的外形，即可以有多种封装形式。元件的封装形式主要用于印制电路板图。这一属性值在电原理图中不显示。关于元件的封装，将在项目 6 的 6.1.2 节中详细介绍。

（3）Designator（元件标号）：元件在电原理图中的序号，如 R1、C1、U1 等。

（4）Part Type（元件标注或类别）：如 100 k、0.01 uF、LM324 等。

在以上这四个常用属性中，Lib Ref（元件名称）必须输入具体内容，否则系统将找不到元件；Designator（元件标号）也应输入，如果没有输入具体的元件标号，系统自动给出一个默认的元件标号前缀如 U?；Part Type（元件标注或类别）可以不输入具体值；对于 Footprint（元件的封装形式），如果绘制的电原理图需要转换成印制电路板，在元件属性中必须输入该项内容。

（5）Sheet Path：成为图样元件时，定义下层图样的方式。

（6）Part：定义元件的部分号。对于某些元件，比如运算放大器等，一个元件封装了多个相同的电路，此时 Part 的不同序号代表具有同一电路功能的不同引脚。

（7）Selection：元件选中的状态切换方式。选中该项后，该元件为选中状态。

（8）Hidden Pin：是否显示元件的隐藏引脚。对于元件库中提供的元件，一般隐藏电源引脚和接地引脚，且在电气连线时，自动与电源和地连接。取消该项的选中状态，则显示元件的隐藏引脚。

（9）Hidden Fields：决定是否显示 Part Fields 选项卡中的元件数据栏。

（10）Field Name：是否显示元件数据栏的名称。

2.4.2　放置电源和接地符号

执行菜单命令 Place | Power Port，或单击布线工具栏的 ≑ 按钮，此时光标上带一个电源符号，按下 Tab 键，屏幕出现图 2-14 所示的设置对话框。对话框说明如下。

图 2-14　设置对话框

（1）Net：设置电源和接地符号的网络名，通常电源符号设为 VCC，接地符号设为 GND。

（2）Style：电源符号的显示类型，如图 2-15 所示。

（3）X-Location、Y-Location：电源符号的位置。

（4）Orientation：电源符号的放置方向。有 0 Degrees、90 Degrees、180 Degrees、270 Degrees 共四个方向。

（5）Color：电源符号的显示颜色。

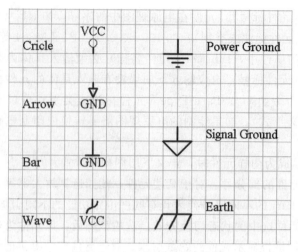

图 2-15　电源符号的显示类型

（6）Selection：电源符号是否被选中。

由于在放置符号时，初始出现的是电源符号 VCC，若要放置接地符号，除了在 Style 下拉列表框中选择接地符号图形外，还必须将 Net（网络名）文本框修改为 GND。

2.4.3　放置总线和网络标号

总线是指在电路中一组具有相关性的信号线，总线分为数据总线、地址总线和控制总线。使用总线来代替一组导线，需要与总线分支和网络标号相配合，总线与一般导线的性质不同，它本身没有实质的电气连接意义，必须由总线接出的各个单一入口导线上的网络标号来完成电气意义上的连接，具有相同网络标号的导线在电气上是连接的。在电原理图中合理地使用总线，可以使图面简洁明了。

1. 绘制总线

单击布线工具栏（Wiring Tools）的 ⊢ 按钮或执行菜单命令 Place | Bus，进入放置总线状态。总线的绘制方法同导线的绘制方法，如图 2-16 所示。

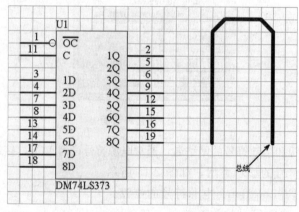

图 2-16　绘制总线

在绘制状态按 Tab 键，屏幕弹出总线属性对话框，可以修改线宽和颜色，如图 2-17 所示。

图 2-17　总线属性对话框

2. 放置总线分支线

元件引脚与总线的连接通过总线分支线来实现，总线分支线是 45 度或 135 度倾斜的短线段。

单击布线工具栏（Wiring Tools）的█按钮或执行菜单命令 Place | Bus Entry，进入放置总线分支线的状态。此时光标上带着悬浮的总线分支线，将光标移至总线和引脚引出线之间，按空格键变换倾斜角度，单击鼠标左键放置总线分支线，如图 2-18 所示，单击鼠标右键退出放置状态。

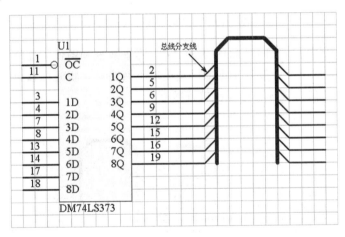

图 2-18　放置总线分支线

3. 放置网络标号

在总线中聚集了多条并行导线，怎样表示这些导线之间的具体连接关系呢？在比较复杂的电原理图中，有时两个需要连接的电路（或元件）距离很远，甚至不在同一张图纸上，该怎样进行电气连接呢？这些都要用到网络标号。

网络标号的物理意义是电气连接点。在电路图上具有相同网络标号的电气连线是连在一起的。即在两个以上没有相互连接的网络中，把应该连接在一起的电气连接点定义成相同的网络标号，使它们在电气含义上属于真正的同一网络。这个功能在将电原理图转换成印制电路板的过程中十分重要。

网络标号多用于层次式电路、多重式电路各模块电路之间的连接和具有总线结构的电路图中。

网络标号的作用范围可以是一张电路图，也可以是一个项目中的所有电路图。

放置网络标号可以通过单击布线工具栏（Wiring Tools）的 按钮或执行菜单命令 Place | Net Label，进入放置网络标号的状态。此时光标处带有一个虚线框，按 Tab 键系统弹出图 2-19 所示的网络标号属性对话框，可修改网络标号名、标号方向等。如果网络标号输入为 D0，放置后，再放置下一个网络标号时系统会自动累加为 D1，同样其他为 D2、D3……直到需要为止，重复上述操作下一轮网络标号又可以按第一个输入值开始累加。

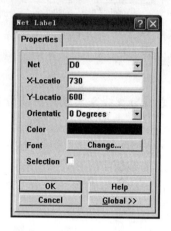

图 2-19　网络标号属性对话框

将虚线框移动至需要放置网络标号的图件上，当虚线框和图件相连处出现一个大的黑点时，表明与该导线建立电气连接，单击鼠标左键放下网络号，将光标移至其他位置可继续放置，如图 2-20 所示，单击鼠标右键退出放置状态。

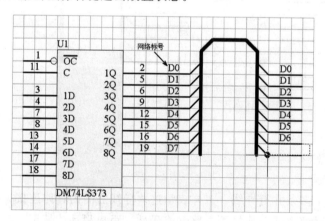

图 2-20　放置网络标号

2.4.4　放置电路的 I/O 端口

如前所述，用户可以通过设置相同的网络标号，使两个电路具有电气连接关系。此外，用户还可以通过制作 I/O 端口，并且使某些 I/O 端口具有相同的名称，从而使它们被视为同一网络，而在电气上具有连接关系。

单击布线工具栏（Wiring Tools）的 按钮，或执行菜单命令 Place | Port，此时光标

变成十字形，且一个浮动的端口粘在光标上随光标移动。单击鼠标左键，确定端口的左边界。在适当位置单击鼠标左键，确定端口右边界，如图 2-21 所示。现在仍为放置端口状态，单击鼠标左键继续放置，单击鼠标右键退出放置状态。

在放置过程中按下 Tab 键，系统弹出 Port（端口）属性设置对话框，或双击已放置好的端口，在弹出的 Port（端口）属性设置对话框中进行设置，如图 2-22 所示。

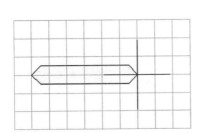

图 2-21　放置 Port（端口）

图 2-22　Port（端口）属性设置对话框

Port（端口）属性设置对话框中各项的含义如下。

Name：I/O 端口名称。若要使输入的名称上有上画线，如 $\overline{RD}$，则输入方式为 R \ D \ 。

Style：I/O 端口外形。Port（端口）外形见图 2-23。

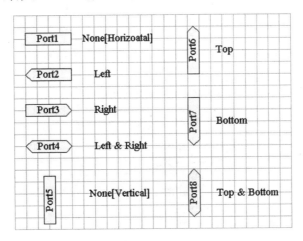

图 2-23　Port（端口）外形

I/O Type：I/O 端口的电气特性。共设置了 4 种电气特性，分别为 Unspecified（无端口）、Output（输出端口）、Input（输入端口）、Bidirectional（双向端口）。

Alignment：端口名在端口框中的显示位置。共有三个选项，分别为 Center（中心对齐）、Left（左对齐）、Right（右对齐）。

2.4.5 复合式元件的放置

对于集成电路，在一个芯片上往往有多个相同的单元电路。如运算放大器芯片 LM324，它有 14 个引脚，在一个芯片上包含四个运算放大器，这四个运算放大器的元件名一样，只是引脚号不同，如图 2-24 中的 U1A、U1B、U1C、U1D。其中，引脚为 1、2、3 的图形称为第一单元，对于第一单元系统会在元件标号的后面自动加上 A；引脚为 5、6、7 的图形称为第二单元，对于第二单元系统会在元件标号的后面自动加上 B，其余同理。

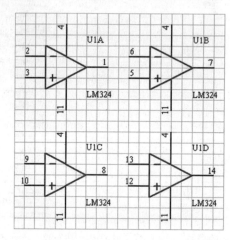

图 2-24　运算放大器芯片 LM324

在放置复合式元件时，默认的是放置第一单元，下面介绍放置其他单元的两种方法。

1. 利用元件属性放置

（1）在元件库中找到运算放大器芯片 LM324，并单击 Place 按钮，默认的是放置第一单元 U1A。

（2）再单击 Place 按钮，此时元件处于浮动状态，粘在光标上，按 Tab 键弹出 Part 元件属性对话框，如图 2-25 所示。

图 2-25　Part 元件属性对话框

（3）在 Designator 文本框中输入元件标号 U1，在 Part 下拉列表框（即第二个 Part）中选择 2，单击 OK 按钮，如图 2-25 所示。

（4）单击鼠标左键放置该元件，则放置的是 LM324 中的第二个单元，如图 2-24 中的 U1B，元件标号 U1B 中的 B 表示第二个单元，是系统自动加上的，依此类推，可以放置第三、第四个单元 U1C、U1D。

2. 利用 Increment Part Number 菜单命令放置

在元件库中找到运算放大器芯片 LM324，并单击 Place 按钮，默认的是放置第一单元 U1A。执行菜单命令 Edit | Increment Part Number，光标变成十字，然后单击默认的是放置第一单元 U1A，该元件的单元编号将随着单击的次数不断地循环变化，即在 U1A、U1B、U1C 和 U1D 之间循环，需要哪一个单元编号，就在哪一个单元编号出现后停止单击。

任务 2.5 元件的编辑与操作

2.5.1 元件的编辑

放置元件后，在连线前必须对元件进行一些选中、复制、剪切、粘贴、阵列式粘贴、移动、旋转、删除等编辑操作。

1. 元件的选中与取消选中

1）元件的选中

在对元件进行编辑操作前，首先要选中元件，选中元件的方法有以下几种。

（1）直接用鼠标选中对象。

元件最简单、最常用的选中方法是直接在图纸上拖出一个矩形框，框内的元件全部被选中。

具体方法：在图纸的合适位置按住鼠标左键，光标变成十字状，拖动光标至合适位置，松开鼠标，即可将矩形区域内所有的元件选中。要注意的是在拖动的过程中，不可将鼠标松开；在拖动过程中，光标一直为十字状。另外，按住 Shift 键，单击鼠标，也可实现选中元件的功能。

（2）利用主工具栏按钮选中元件。

单击主工具栏上的 ▦ 按钮，它与前面介绍的方法基本相同，唯一的区别是在单击主工具栏里的 ▦ 按钮后，光标从开始起就一直是十字状，在形成选择区域的过程中，不需要一直按住鼠标。

（3）通过菜单命令 Edit | Select。

用鼠标单击下拉列表框可以进行五种选择：Inside Area（框内的图件）、Outside Area（框外的图件）、All（所有图件）、Net（同一网络的图件）和 Connection（引脚之间实际连接的图件）。

（4）通过菜单命令 Edit | Toggle Selection。

该命令实际上是一个开关命令，当元件处于未选中状态时，使用该命令可选中元件；元件处于选中状态时，使用该命令可以取消选中状态。

2）元件的取消选中

一般执行所需的操作后，必须取消元件的选中状态，取消的方法有以下三种。

（1）单击主工具栏上的██按钮，取消所有的选中状态。

（2）通过菜单命令 Edit | Deselect。

该菜单的作用是取消元件的选中状态，有三个选项：Inside Area（框内区域）、Outside Area（框外区域）和 All（所有），根据需要选择。

（3）通过菜单命令 Edit | Toggle Selection。

执行该命令后，用鼠标单击对应元件取消选中状态。

2. 元件的复制与剪切

1）元件的复制

选中要复制的对象，执行菜单命令 Edit | Copy，光标变成十字形，在选中的对象上单击鼠标左键，确定参考点。参考点的作用是在进行粘贴时以参考点为基准。此时选中的内容被复制到剪贴板上。

2）元件的剪切

选中要剪切的对象，执行菜单命令 Edit | Cut，光标变成十字形，在选中的对象上单击鼠标左键，确定参考点。此时选中的内容被复制到剪贴板上，与复制不同的是选中的对象也随之消失。

3. 元件的粘贴

承接上面元件的复制或剪切操作。单击主工具栏上的██按钮，或执行菜单命令 Edit | Paste，光标变成十字形，且被粘贴对象处于浮动状态粘在光标上，在适当位置单击鼠标左键完成粘贴。

4. 元件的阵列粘贴

阵列式粘贴可以完成同时粘贴多次剪贴板内容的操作。

承接上面元件的复制或剪切操作。单击绘图工具栏（Drawing Tools）中的██按钮，或执行菜单命令 Edit | Paste Array，系统弹出 Setup Paste Array（阵列式粘贴设置）对话框，如图 2-26 所示。设置好对话框的参数后，单击 OK 按钮，此时光标变成十字形，在适当位置单击鼠标左键，则完成粘贴。

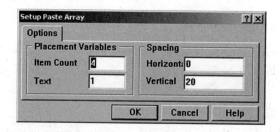

图 2-26　Setup Paste Array（阵列式粘贴设置）对话框

Setup Paste Array（阵列式粘贴设置）对话框中各选项的含义如下。

Item Count：要粘贴的对象个数。

Text：元件序号的增长步长。

Horizontal：粘贴对象的水平间距。

Vertical：粘贴对象的垂直间距。

图 2-27 所示为对象阵列式粘贴的操作过程，其参数设置如下。

Item Count：4

Text：1

Horizontal：0

Vertical：20

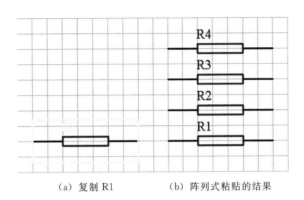

(a) 复制 R1　　　　　(b) 阵列式粘贴的结果

图 2-27　对象阵列式粘贴的操作过程

5. 元件的移动

元件的移动有以下几种常用的方法。

（1）常用的方法是用鼠标左键点中要移动的元件，并按住鼠标左键不放，将元件拖到要放置的位置。

（2）单击主工具栏上的 ✛ 按钮，可以移动已选中的对象。

（3）执行菜单命令 Edit｜Move｜Drag，可以拖动元件，拖动时元件上的连线也跟着移动，不会断线。

（4）执行菜单命令 Edit｜Move｜Move，只可以移动元件，与元件相连的导线不会随之移动。

6. 元件的旋转

用鼠标左键点住要旋转的元件不放，在元件处于浮动状态时，按 Space 键可以进行逆时针 90°旋转，按 X 键使元件水平翻转、按 Y 键使元件垂直翻转。该组热键操作与中文输入法有冲突，如果在中文输入法状态下，热键操作失效，切换到英文输入法后就正常了。

7. 元件的删除

Edit 菜单里有两个删除命令，即 Clear 和 Delete 命令。

Clear 命令的功能是删除已选中的元件；启动 Clear 命令之前需要选中元件，启动 Clear 命令后，已选中的元件立刻被删除。

Delete 命令的功能也是删除元件，只是启动 Delete 命令之前，不需要选中元件；启动 Delete 命令后，光标变成十字状，将光标移到所要删除的元件上单击鼠标，即可删除该元件。

另外，使用 Delete 快捷键也可实现元件的删除，但是在用此快捷键删除元件之前，需要点取元件；点取元件后，元件周围出现虚框，按 Delete 快捷键即可实现该元件的删除。

注意：点取与选中是不同的，点取元件的方法是在元件图的中央，单击一下鼠标，元件即被点中，点中的元件周围出现虚框，而用选中方法选中的元件周围出现的是黄框，如图 2-28 所示。

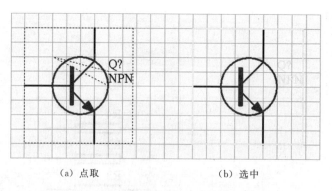

(a) 点取　　　　　　　　　　　　(b) 选中

图 2-28　元件的点取与选中

2.5.2　元件的导线连接

元件的位置调整好后，下一步是对各元件进行线路连线。在 Protel 99 SE 中导线具有电气性能，不同于一般的直线，这一点要特别注意。

1. 元件的导线连接

单击布线工具栏（Wiring Tools）中的电气连线按钮 ≈ 或执行菜单命令 Place｜Wire，光标变为十字状，系统处在画导线状态，按下 Tab 键，出现图 2-29 所示的导线属性对话框，可以修改连线粗细和颜色。

图 2-29　导线属性对话框

元件的导线连接的步骤如下。

（1）将光标移至所需位置，单击鼠标左键，定义导线起点。

（2）在导线的终点处单击鼠标左键确定终点。

（3）单击鼠标右键，则完成了一段导线的绘制。

（4）此时仍为绘制状态，将光标移到新导线的起点，单击鼠标左键，按前面的步骤绘制另一条导线，最后单击鼠标右键两次退出绘制状态。

绘制折线：在导线拐弯处单击鼠标左键确定拐点，其后继续绘制即可，如图 2-30 所示。

在光标处于画线状态时，按下 Shift＋空格键可自动转换导线的拐弯样式，有任意角度、90°和 45°转折等。

在导线连接中，当光标接近引脚端点时，出现一个大的黑点，这是由于设置了电气栅格 Electrical Grid 这一选项。这个大的黑点代表电气连接的意义，此时单击左键，这条导线就与引脚之间建立了电气连接。有了电气栅格 Electrical Grid 可以很方便地使导线与引脚连接。

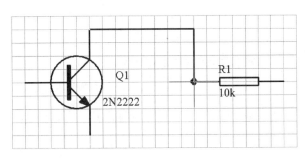

图 2-30　绘制导线

如果在连线时不是按元件引脚端点与端点相连，即电气栅格黑点与黑点相连，就会出现如图 2-31 所示的多余的 Junction（连接点），这说明导线连接出错。

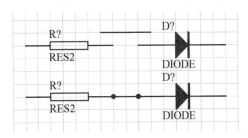

图 2-31　导线连接出错

2. 放置线路连接点

线路连接点表示两条导线相交时的状况。在电原理图中两条相交的导线，如果有连接点，则认为两条导线在电气上相连接，若没有连接点，则在电气上不相连。

单击 ⊥ 图标，或执行菜单命令 Place｜Junction，在两条导线的交叉点处单击鼠标左键，则放置好一个节点，此时仍为放置状态，可继续放置，单击鼠标右键，退出放置状态。

在放置过程中按下 Tab 键，系统弹出 Junction（连接点）属性设置对话框，如图 2-32 所示，可设置线路连接点大小。

图 2-32　Junction（连接点）属性设置对话框

关于线路连接点的放置，用户可通过电原理图文件的设置使操作简化。

（1）执行菜单命令 Tools｜Preferences，系统弹出 Preferences 对话框。如图 2-33 所示。

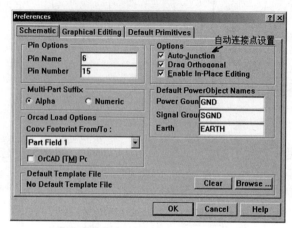

图 2-33　Preferences 对话框

（2）选择 Schematic 选项卡。

（3）在 Options 选项区域选中 Auto-Junction，单击 OK 按钮。选中此项后，在绘制导线时，系统将在"T"字连接处自动产生连接点。如果没有选择此项，系统不会在"T"字连接处自动产生连接点（选中状态是默认状态）。

2.5.3　对象属性的全局性修改

在电原理图中通常含有大量的同类元件，若要逐个设置元件的属性，费时费力。Protel 99 SE 有全局修改功能，可以进行统一设置。全局修改功能也称为整体编辑，就是可以一次性修改元件属性、线属性、字符属性等相关信息，全局修改功能是提高绘图速度最有效的方法之一。

下面以图 2-34 发光管电路中的发光管为例说明统一设置元件封装形式的方法。

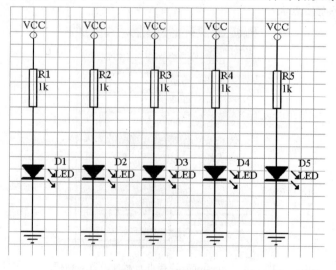

图 2-34　发光管电路

双击发光管 D1，弹出图 2-35 所示的发光管属性对话框，单击 Global 按钮，出现图 2-36 发光管全局修改属性对话框，图中右侧有三个选项区域。

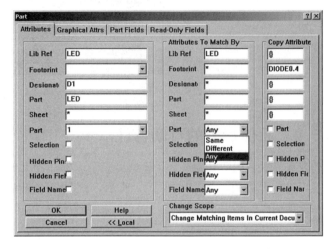

图 2-35 发光管属性对话框   图 2-36 发光管全局修改属性对话框

（1）Attributes to Match By 选项区域：用于设定修改属性对象的选择条件。就是说若对象符合这些条件，其属性就会得到修改。其中有信号"＊"的项目需要输入选择条件，若不输入条件就认为是所有选择条件都吻合。具有下拉列表框的项目需要单击右边的下拉按钮进行选择，其中 Any 表示该项目所有选择条件都满足，Same 表示该项目相同才满足选择条件，Different 表示该项目不相同才满足选择条件。

（2）Copy Attributes 选项区域：其功能是设定要修改的属性，就是把本对象的哪些属性复制给符合条件的对象。其中大括号中的内容需要输入，若不输入就表示该项目不需要修改。对于复选框中的项目，则是选择哪一个项目就修改哪一个项目的属性。

（3）Change Scope 选项区域：其功能是设定修改属性的范围。该区域中的下拉列表框见图 2-37。

图 2-37 Change Scope 中的下拉列表框

Change This Item Only 选项：设定修改属性的范围只是本元件自己。

Change Matching Items In Current Document 选项：设定修改属性的范围为本电原理图。

Change Matching Items In All Documents 选项：设定修改属性的范围为所有电原理图。

需要指出的是，每个对象属性都不相同，各有各的特点。一般需要修改的是基本属性。例如，常要修改的是各个元件的封装。当要把图 2-34 发光管电路中发光管的封装都修改为 DIODE0.4，就需要在 Copy Attributes 选项区域的 Foot Print 项目中输入 DIODE0.4，注意去掉大括号。然后在 Attributes to Match By 选项区域的 Lib Ref 项目中输入 LED。单击 OK 按钮，弹出图 2-38 所示的 Confirm（确认）对话框，单击 Yes 按钮，这样图 2-34 发光管电路中 5 个发光管的封装都会被修改为 DIODE0.4。

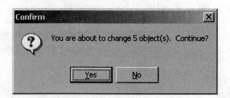

图 2-38   Confirm（确认）对话框

2.5.4   元件标号的自动标注

在放置元件时，Protel 99 SE 给出一个未标注的元件，如 U?、R?、C? 等，其中的问号是等待输入元件的序号，如图 2-39 所示，这是一个未标注的单级放大器电路，当然可以一个一个地输入，但是效率很低，而且时常会为输入相同的序号烦恼。

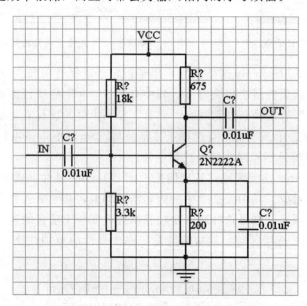

图 2-39   未标注的单级放大器电路

Protel 99 SE 有自动标注编号的功能，执行菜单命令 Tools | Annotate，系统弹出 Annotate 对话框，如图 2-40 所示，在 Annotate Options 选项区域选择元件编号的方式，各选项的含义如下。

All Parts：对所有元件重新编号。

? Parts：对编号为 "?" 的元件进行编号，即对标号为 U?、R? 等的元件进行编号。

Reset Designators：将所有编号设置为初始状态，即设置为 U?、R? 状态。

Update Sheets Number Only：重新编排电原理图的图号。

如果选择了对元件自动编号，还要在 Re-annotate Method 选项区域中选择元件标号的排列方向，共有四个方向：① Up then across；② Down then across；③ Across then up；④ Across then down。选择完毕单击 OK 按钮，并产生自动标注报告表，如图 2-41 所示。图 2-42 是自动标注后单级放大器电路。

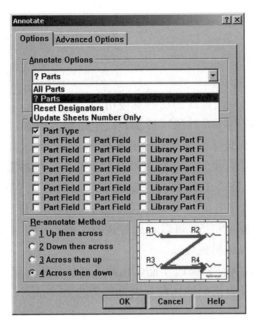

图 2-40 Annotate 对话框

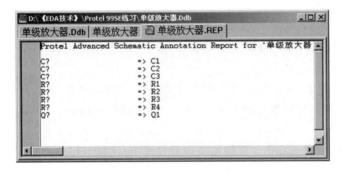

图 2-41 自动标注报告表

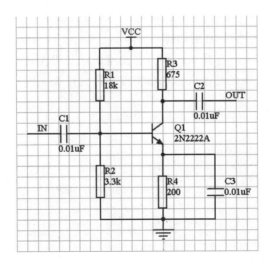

图 2-42 自动标注后单级放大器电路

项目小结

本项目主要介绍了以下内容。

（1）Protel 99 SE 电原理图设计的功能及应用。

（2）Protel 99 SE 电原理图设计的一般流程，包括参数设置、放置元件、元件连线、编辑调整、报表文件的生成和文件的保存与输出等步骤。

（3）设计电原理图的参数设置，包括图纸参数设置和工作系统参数设置。

（4）设计电原理图的活动工具栏，主要有布线工具栏（Wiring Tools）、绘图工具栏（Drawing Tools）、电源及地线工具栏（Power Objects）和常用器件工具栏（Digital Objects）。

（5）放置元件后，Protel 99 SE 可以对元件进行一些选中、复制、剪切、粘贴、阵列式粘贴、移动、旋转、删除等编辑操作。

（6）Protel 99 SE 提供有全局修改功能，也称为整体编辑，可以对元件属性等信息进行统一设置。全局修改功能是提高绘图速度最有效的方法之一。

项目练习

1. 先新建一个名为 MyPro 的文件夹，启动 Protel 99 SE，并在此文件夹内建立名为 MyFirst 的设计数据库文件，再建立一个名为 FirSch 的电原理图设计文件，并进入电原理图设计窗口。

2. 在上述新建的 FirSch 电原理图设计文件中，将图纸版面设置为：A4 图纸，横向放置，标题栏为标准型，可视栅格设置为 10 mil，捕捉栅格设置为 5 mil，光标形状为小 45 度十字光标。

3. 将仿真元件库 Sim. ddb、英特尔公司元件库 Intel Databooks. ddb 和 Protel DOS 元件库 Protel DOS Schematic Libraries. ddb 加载到元件库管理器中。

4. 使用 Protel 99 SE 系统提供的搜索功能，查找元件 LED、LM324、TL074、ADC1001、2N2222A，并将这些元件所在的元件库加载到元件库管理器中。

5. Protel 99 SE 提供了哪些常用热键？

6. 直线 Line 与导线 Wire 有什么区别，在使用中能互相代替吗？

7. 主电路图文件的扩展名是什么？这个文件又称为什么文件？

项目 3　电原理图设计提高

任务目标：

- ☑ 掌握层次电原理图的设计方法
- ☑ 熟悉报表文件的生成
- ☑ 掌握文件的保存与输出
- ☑ 掌握电原理图粘贴到 Word 软件的方法

任务 3.1　层次电原理图的设计

对于比较复杂的电原理图，一张电路图纸无法完成设计，需要多张电原理图。Protel 99 SE 提供了将复杂电原理图分解为多张电原理图的设计方法，这就是层次电原理图设计方法。

3.1.1　层次电原理图结构

层次电原理图是将一个大的电路分成几个功能块，再对每个功能块里的电路进行细分，还可以再建立下一层模块，如此下去，形成树状结构。

层次电原理图主要包括两大部分：主电路图和子电路图。其中，主电路图与子电路图的关系是父电路与子电路的关系，在子电路图中仍可包含下一级子电路。

层次电原理图的结构与操作系统的文件目录结构相似，选择设计管理器的 Explorer 选项卡可以观察到层次图的结构。图 3-1 所示为一个信号发生器电路的层次电原理图结构，图 3-2 为该层次电原理图的主电路图。在一个项目中，处于最上方的为主电路图，一个项目只有一个主电路图，扩展名为 .prj，即为项目文件。在主电路图下方所有的电路均为子电路图，扩展名为 .Sch，图中有 3 个一级子电路图，分别为 CLK.Sch（方波形成电路），如图 3-3 所示；TRI.Sch（三角波形成电路），如图 3-4 所示；SIN.Sch（正弦波形成电路）如图 3-5 所示。

图 3-1　层次电原理图结构

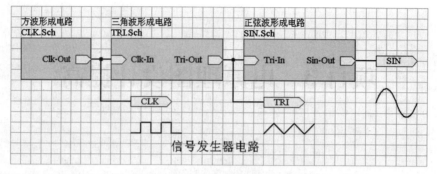

图 3-2 层次电原理图的主电路图

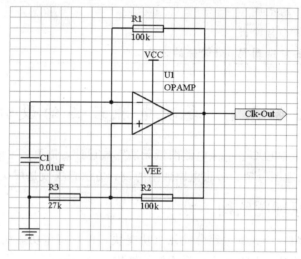

图 3-3 CLK. Sch（方波形成电路）

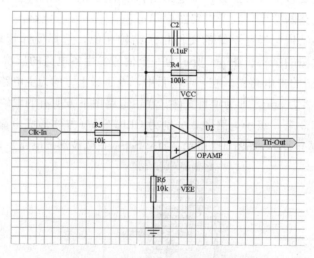

图 3-4 TRI. Sch（三角波形成电路）

利用层次电原理图可以从整体上把握电路，加深对电路的理解；另一方面，如果需要改动电原理图的某些细节，可以只对相关的底层电路进行修改，不影响整个电路的结构。

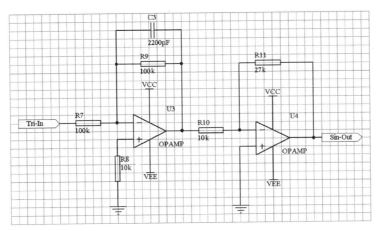

图 3-5　SIN. Sch（正弦波形成电路）

3.1.2　自上向下的层次电原理图设计

自上向下的层次电原理图设计方法的思路是，先设计主电路图，再根据主电路图设计子电路图。下面以图 3-1 所示的信号发生器电路为例，介绍设计方法。

1. 建立主电路图

打开一个设计数据库文件，在系统所带的文件夹 Documents 内，执行菜单命令 File | New，系统弹出 New Document 对话框，选择 Schematic Document 图标，单击 OK 按钮，并将该文件的名字改为"信号发生器电路. prj"，作为主图，双击文件名进入电原理图编辑状态。

2. 绘制方块电路图

打开信号发生器电路. prj 文件后，单击布线工具栏（Wiring Tools）中的图标或执行菜单命令 Place | Sheet Symbol，光标变成十字形，且十字光标上带着一个与前次绘制相同的方块图形状，按 Tab 键，系统弹出 Sheet Symbol 属性设置对话框，如图 3-6 所示。

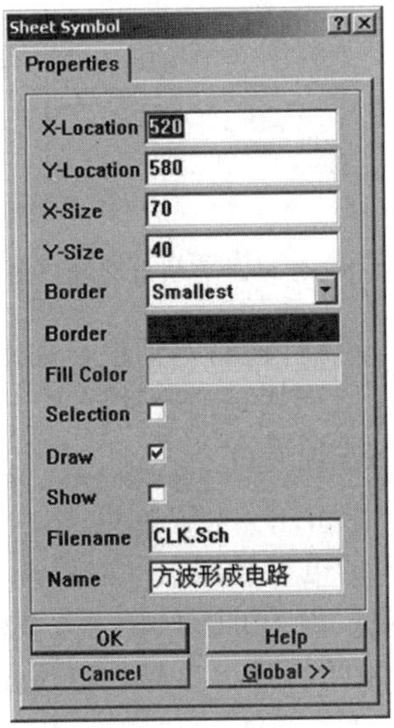

图 3-6　Sheet Symbol 属性设置对话框

Sheet Symbol 属性设置对话框中有关选项的含义如下。

Filename：该方块图所代表的子电路图文件名，如 CLK. Sch。

Name：该方块图所代表的模块名称。此模块名应与 Filename 中的子电路图文件名相对应，如方波形成电路。

设置好后，单击 OK 按钮确认，此时光标仍为十字形，在适当的位置单击鼠标左键，确定方块图的左上角，移动光标当方块图的大小合适时在右下角单击鼠标左键，方块图的位置和大小确定，则在图纸上放置好了一个方波形成电路的方块电路图，如图 3-7 所示。

图 3-7　方波形成电路的方块电路图

此时仍处于放置方块图状态，可重复以上步骤继续放置，也可单击鼠标右键退出放置状态。

3. 放置方块电路端口

单击布线工具栏（Wiring Tools）中的 ▣ 图标，或执行菜单命令 Place ｜ Add Sheet Entry，光标变成十字形。将十字光标移到方块图上单击鼠标左键，出现一个浮动的方块电路端口，此端口随光标的移动而移动，此端口必须在方块图上放置，如图 3-8 所示。

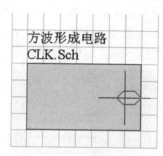

图 3-8　浮动的方块电路端口图形

按 Tab 键系统弹出 Sheet Entry 属性设置对话框，如图 3-9 所示。

Sheet Entry 属性设置对话框中有关选项的含义如下。

Name：方块电路端口名称，如 Clk-Out。

I/O Type：端口的电气类型。单击图 3-9 中 I/O Type 下拉按钮，出现端口电气类型列表，分为 Unspecified（不指定端口的电气类型）、Output（输出端口）、Input（输入端口）、Bidirectional（双向端口）四个选项；因为 Clk-Out 为方波输出信号，所以选择 Output。

Side：端口的停靠方向，分为 Left（端口停靠在方块图的左边缘）、Right（端口停靠在方块图的右边缘）、Top（端口停靠在方块图的顶端）、Bottom（端口停靠在方块图的底端）四个选项；这里设置为 Right。

图 3-9　Sheet Entry 属性设置对话框

Style：端口的外形，分为 None（无方向）、Left（指向左方）、Right（指向右方）、Left &
Right（双向）四个选项；如果图 3-8 中浮动的端口出现在方块电路的顶端或底端，则 Style 端口
外形中的 Left、Right、Left & Right 分别变为 Top、Bottom、Top & Bottom；这里设置为 Right。

设置完毕单击 OK 按钮确定。

此时方块电路端口仍处于浮动状态，并随光标的移动而移动，在合适位置单击鼠标左
键，则完成了一个方块电路端口的放置。系统仍处于放置方块电路端口的状态，重复以上步
骤可放置方块电路的其他端口，单击鼠标右键可退出放置状态。这样 CLK.Sch（方波形成
电路）方块电路就完成了，同样方法完成另外两个方块电路——TRI.Sch（三角波形成电
路）和 SIN.Sch（正弦波形成电路）。完成方块电路绘制的电原理图，如图 3-10 所示。

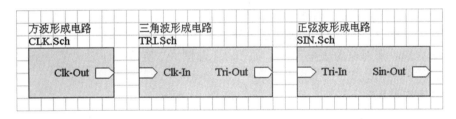

图 3-10　完成方块电路绘制的电原理图

4. 电气连接各方块电路

在所有的方块电路及端口都放置好以后，用导线（Wire）或总线（Bus）连接成如
图 3-2 所示的层次电原理图的主电路图。

5. 设计子电路图

子电路图是根据主电路图中的方块电路，利用有关命令自动建立的，不能用建立新文件
的方法建立。下面以生成 CLK.Sch（方波形成电路）子电路图为例。

在主电路图中执行菜单命令 Design | Create Sheet From Symbol，光标变成十字形。将
十字光标移到名为 CLK.Sch（方波形成电路）的方块电路上，单击鼠标左键，系统弹出
Confirm 对话框，如图 3-11 所示，要求用户确认端口的输入/输出方向。如果选择 Yes，则
所产生的子电路图中的 I/O 端口方向与主电路图方块电路中端口的方向相反，即输入变成

输出，输出变成输入。如果选择 No，则端口方向不反向。这里选择 No。

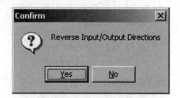

图 3-11 Confirm 对话框

按下 No 按钮后，系统自动生成名为 CLK.Sch 的子电路图，且自动切换到 CLK.Sch 子电路图，如图 3-12 所示。

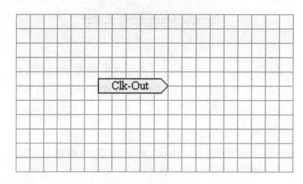

图 3-12 自动生成的 CLK.Sch 子电路图

从图中可以看出，子电路图中包含了 CLK.Sch（方波形成电路）方块电路中的端口，无须自己再单独放置 I/O 端口。用上述介绍的绘制电原理图的方法，绘制 CLK.Sch（方波形成电路）模块的内部电路，如图 3-3 所示。

重复以上步骤，生成并绘制另外两个方块电路 TRI.Sch（三角波形成电路）和 SIN.Sch（正弦波形成电路）所对应的子电路图，如图 3-4 和图 3-5 所示，即完成了一个完整的层次电路图的设计。

6. 设置图纸编号

执行菜单命令 Design | Options，在弹出的对话框中选中 Organization 选项卡，可以填写图纸信息。在图中 Sheet 栏的 No.（编号）中设置图纸编号，Total（图纸总数）中设置主电路图和子电路图的总数，本例中依次将主电路图（信号发生器电路）和子电路图 CLK.Sch（方波形成电路）、TRI.Sch（三角波形成电路）和 SIN.Sch（正弦波形成电路）编号为 1、2、3、4，图纸总数设置为 4。如果没有设置图纸编号，则在进行电气规则检查（ERC）时会出现错误。

7. 保存所有文件

执行菜单命令 File | Save All，保存所有文件。

层次电原理图的设计除了上述的自上而下的设计方式外，也可以采用自下而上的设计方式，即先设计子电路图，再设计主电路图，设计的方法基本一致。

3.1.3 不同层次电原理图的切换

在编辑或查看层次电原理图时，有时需要从主电路图的某一方块图直接转到该方块图所对应的子电路图，或者反之。Protel 99 SE 为此提供了非常简便的切换功能，切换的方法主要有两种。

1. 直接设计管理器进行切换

利用设计管理器，如图 3-1 所示为一个信号发生器电路的层次电原理图结构，鼠标左键单击导航树中的文件名或文件名前面的图标，可以很方便地打开相应的文件，在右边工作区中显示该电原理图。

2. 利用导航按钮或菜单命令进行切换

单击主工具栏上的 图标，或执行菜单命令 Tools | Up/Down Hierarchy，光标变成十字形。将光标移至需要切换的子电路图符号上，单击鼠标左键，即可将上层电路切换至下一层的子电路图；若是从下层电路切换至上层电路，则是将光标移至下层电路的 I/O 端口上，单击鼠标左键进行切换。

任务 3.2　报表文件的生成

3.2.1　电气规则检查

Protel 99 SE 提供了对电路的电气规则检查（Electronic Rule Checker，ERC），是利用软件测试用户设计的电原理图检查其中的电气连接和引脚信息，以便能够查找明显的错误。执行 ERC 检查后，将生成错误报告并且在电原理图中标识错误，以便用户分析和修正错误。

1. 电气规则检查（ERC）的步骤

执行菜单命令 Tools | ERC，系统弹出 Setup Electrical Rule Check（ERC 设置）对话框，如图 3-13 所示，该对话框中有 Setup 选项卡和 Rule Matrix 选项卡。设置完毕单击 OK 按钮，进行 ERC 检查。

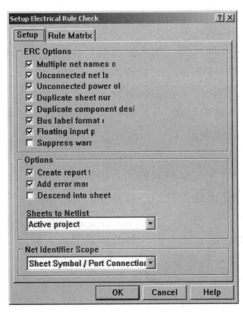

图 3-13　ERC 设置对话框——Setup 选项卡

2. Setup 选项卡设置

（1）ERC Options 选项区域。

Multiple net names on net：检查同一个网络上是否拥有多个不同名称的网络标号。

Unconnected net labels：检查是否有未连接到其他电气对象的网络标号。

Unconnected power objects：检查是否有未连接到任一电气对象的电源对象。

Duplicate sheet numbers：检查项目中是否有绘图页号码相同的绘图页。

Duplicate component designators：检查是否有标号相同的元件。

Bus label format errors：检查附加在总线上的网络标号的格式是否非法。

Floating input pins：检查是否有悬空引脚。

Suppress warnings：忽略警告（Warning）等级的情况。

（2）Options 选项区域。

Create report file：设置列出全部 ERC 信息并产生错误信息报告。

Add error markers：设置在电原理图上有错误的位置上放置错误标记。

Descend into sheet parts：在执行 ERC 检查时，同时深入到电原理图元件内部电路进行检查。此项针对电路图式元件。

（3）Sheets to Netlist 下拉列表框。

用于选择检查的范围，包括 Active sheets（当前电原理图）、Active project（当前项目文件）、Active sheet plus sub sheets（当前的电原理图与子电路图）三个选项。

（4）Net Identifier Scope 下拉列表框。

设置网络标号的工作范围，包括 Net Labels and Ports Global（网络标号与电路 I/O 端口在整个项目中都有效）、Only Ports Global（只有电路 I/O 端口在整个项目中有效）、Sheet Symbol/Port Connections（子电路图的 I/O 端口与主电路图内相应方块电路图中同名 I/O 端口是相互连接的）三个选项。

3. Rule Matrix 选项卡设置

这是一个彩色的正方形区块，称为电气规则矩阵，如图 3-14 所示。

该选项卡主要用来定义各种引脚、输入输出端口、电路图出入口彼此间的连接状态是否已构成错误（Error）或警告（Warning）等级的电气冲突。

矩阵中以彩色方块表示检查结果：绿色方块表示这种连接方式不会产生错误或警告信息（如某一输入引脚连接到某一输出引脚上），黄色方块表示这种连接方式会产生警告信息（如未连接的输入引脚），红色方块表示这种连接方式会产生错误信息（如两个输出引脚连接在一起）。

↲ 错误是指电路中有严重违反电路原理的连线情况，如 VCC 和 GND 短路。

↲ 警告是指某些轻微违反电路原理的连线情况，由于系统不能确定它们是否真正有误，所以用警告表示。

这个矩阵是以交叉接触的形式读入的。如要查看输入引脚接到输出引脚的检查条件，就观察矩阵左边的 Input Pin 这一行和矩阵上方的 Output Pin 这一列之间的交叉点即可，交叉点以彩色方块来表示检查结果。

交叉点的检查条件可由用户自行修改，在矩阵方块上单击鼠标左键即可在不同颜色的彩色方块之间进行切换。

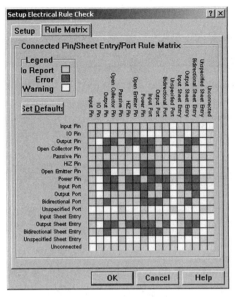

图 3-14　ERC 设置对话框——Rule Matrix 选项卡

检查电气规则矩阵设置，一般选择默认。

4. ERC 检查结果

可以输出相关的错误报告，即 *.ERC 文件，主文件名与电原理图相同，扩展名为 .ERC，同时可以在电原理图的相应位置显示错误标记。

图 3-15 所示，是对该电路利用默认设置进行 ERC 检测的结果。其中电源 VCC 和接地 GND 因不与任何电路相连，经 ERC 检查后，显示错误标志；另外在重复的标号 R1 上放置错误标志，提示出错。同时自动产生并打开一个检测报告，如图 3-16 所示。

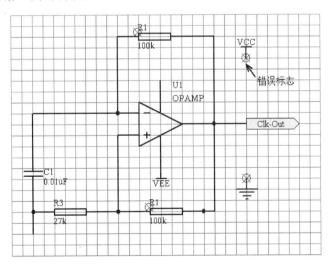

图 3-15　ERC 指示错误

图中有 3 个错误报告：第 1 个错误是由于重复的标号，坐标（709，444）的 R1 与坐标（699，604）的 R1 标号重复；第 2 个错误是接地 GND 未与任何电路连接；第 3 个错误是电源 VCC 未与任何电路连接。

按照 ERC 检测报告文件给出的错误情况修改电原理图，再次进行 ERC 检测，错误消失。

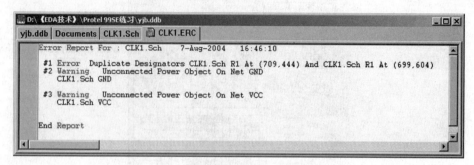

图 3-16　ERC 检测报告文件

3.2.2　网络表的生成

设计电原理图的最终目的是进行 PCB 设计，网络表在电原理图和 PCB 之间起到一个桥梁作用。网络表文件是一张电原理图中全部元件和电气连接关系的列表，它包含电原理图中的元件综合信息，包括元件名、元件封装、元件序号、引脚信息及元件间的网络连接关系，是电路板自动布线的灵魂。

网络表文件的主文件名与电路图的主文件名相同，扩展名为 .NET。

1. 网络表的生成

在生成网络表前，必须对电原理图中所有的元件设置好元件标号（Designator）和封装形式（Footprint）。

打开原理图文件，执行菜单命令 Design | Create Netlist，系统弹出 Netlist Creation 网络表设置对话框，如图 3-17 所示。

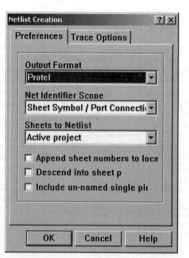

图 3-17　Netlist Creation 网络表设置对话框

Netlist Creation 网络表设置对话框中各选项的含义如下。

（1）Output Format 下拉列表框。

设置生成网络表的格式，有 Protel、Protel 2 等 38 种格式，一般选取 Protel。

（2）Net Identifier Scope 下拉列表框。

设置项目电路图网络标号的工作范围，本项设置只对层次电原理图有效。有3个选项。

Net Labels and Ports Global：网络标号与电路 I/O 端口在整个项目中都有效。

Only Ports Global：只有电路 I/O 端口在整个项目中有效。

Sheet Symbol/Port Connections：子电路图的 I/O 端口与主电路图内相应方块电路图中同名 I/O 端口是相互连接的。

（3）Sheets to Netlist 下拉列表框。

设置生成网络表的电路图范围，有三个选项。

Active sheet：只对当前打开的电路图文件产生网络表。

Active project：对当前打开电路图所在的整个项目产生网络表。

Active sheet plus sub sheets：对当前打开的电路图及其子电路图产生网络表。

对于单张电原理图，选择第一项即可。

（4）Append sheet numbers to local nets 复选框。

选中，则在生成网络表时，自动将电原理图编号附加到网络名称上，以识别该网络的位置。

（5）Descend into sheet parts 复选框。

选中，则在生成网络表时，系统将深入元件的内部电原理图，将它作为电路的一部分，一起转化为网络表。

（6）Include un-named single pin nets 复选框。

选中，则在生成网络表时，将电原理图中没有命名的引脚也一起转换到网络表中。

2. 网络表的格式

打开电原理图文件，执行菜单命令 Design ｜ Create Netlist，设置好参数后，单击 OK 按钮，系统自动产生网络表文件，如图 3-18 所示。

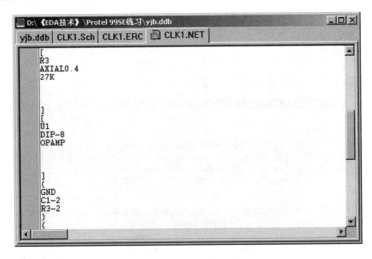

图 3-18　网络表文件

Protel 格式的网络表是一种文本式文档，由两部分组成：第一部分为元件描述段，第二部分为电路的网络连接描述段。下面是一个网络表文件的部分内容。

（1）元件的描述。

[	元件声明开始
R1	元件标号
AXIAL0.4	元件封装形式
100K	元件标注
]	元件声明结束

所有元件都必须有声明。

（2）网络连接描述。

（网络定义开始	
NetR1_1	网络名称
R1_1	此网络的第一个端点
R2-2	此网络的第二个端点
U1-3	此网络的第三个端点
）	网络定义结束

其中，网络名称（如 VCC、GND）为用户定义，如果用户没有命名，则系统自动产生一个网络名称，如上面的 NetR1_1。端点 R1_1 表示与网络连接的端点是 R1 的第一引脚。在网络描述中，列出该网络连接的所有端点。

所有的网络都应被列出。

3.2.3　生成元件清单

元件清单主要用于整理和查看当前项目文件或电原理图中所有的元件。元件清单中主要包括元件名称、元件标号、元件标注、元件封装形式等内容，利用元件清单可以有效地管理电路项目。

元件清单文件的主文件名同电原理图文件，不同格式的元件清单文件的扩展名不同，一般以 .xls 为扩展名。

在电原理图工作界面中，执行菜单命令 Reports｜Bill of Material，系统弹出 BOM Wizard 对话框，进入生成元件清单向导，如图 3-19 所示。

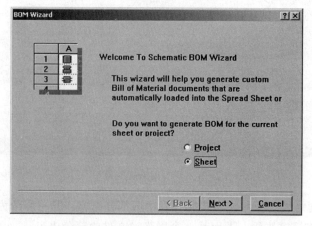

图 3-19　BOM Wizard 对话框

BOM Wizard 向导窗口选项的含义如下。

Project：产生整个项目的元件清单。

Sheet：产生当前打开的电路图的元件清单。对于单张原理图选择 Sheet 即可。

选择完毕单击 Next 按钮，将出现如图 3-20 所示的对话框。

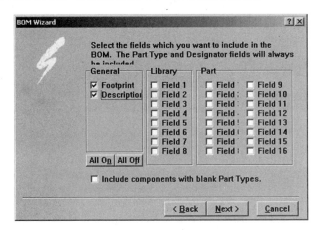

图 3-20　设置元件清单内容

设置元件清单中包含哪些元件信息，图中选中的内容分别为 Footprint（封装形式）和 Description（元件描述），选择完毕单击 Next 按钮，将出现如图 3-21 所示的对话框。

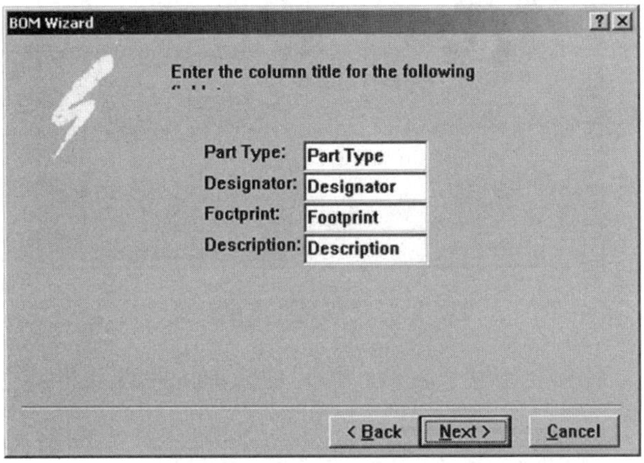

图 3-21　设置元件清单每列参数

在此窗口中设置元件清单的栏目标题。图中的内容是默认设置。

Part Type：元件标注。

Designator：元件标号。这两项在所有元件清单中都有。

Footprint：元件封装形式。

Description：元件描述。这两项是在前一窗口中选择的。

选择完毕单击 Next 按钮，将出现如图 3-22 所示的对话框。

此窗口的功能是选择元件清单格式。共有三种格式。

Protel Format：生成 Protel 格式的元件列表，文件扩展名为 .BOM。

CSV Format：生成 CSV 格式的元件列表，文件扩展名为 .CSV。

Client Spreadsheet：生成电子表格格式的元件列表，文件扩展名为 .XLS。

在本例中选择 Client Spreadsheet 选项，而后单击 Next 按钮，将出现如图 3-23 所示的对话框。

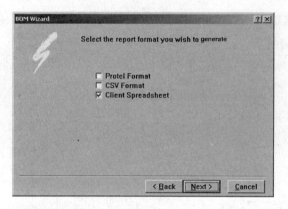

图 3-22　设置元件清单输出格式

图 3-23　完成元件清单设置

单击 Finish 按钮，系统生成电子表格式的元件清单，并自动将其打开，如图 3-24 所示。

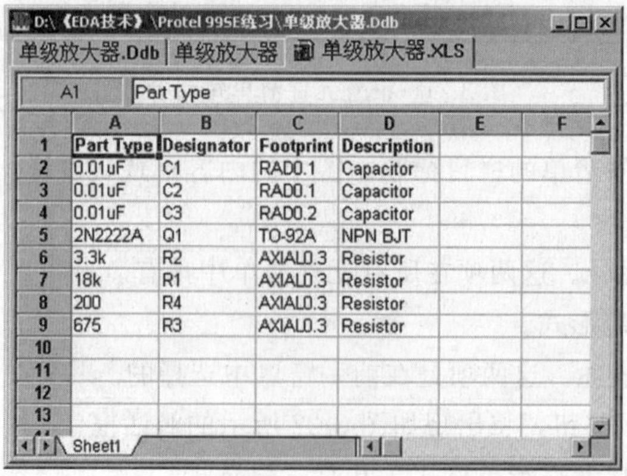

图 3-24　系统生成的元件清单

任务 3.3 文件的保存与输出

完成电路设计后，保存电原理图的.Sch文件。在电原理图设计的工作界面中进行电路ERC检查、元件清单检查等操作后，确认电原理图设计文件无错，生成网络表，电原理图设计的全部工作完成，最后的工作即保存所有文件和打印输出相关文件。

3.3.1 文件的保存

既可在相关文件窗口中单击工具栏上的圓按钮来保存文件，也可选择菜单命令 File | Save 保存文件。另外在关闭当前设计数据库文件（.Ddb）时，系统也会自动提示是否保存文件。

3.3.2 文件的打印输出

在完成电原理图设计后，往往需要打印电原理图设计文件和相关报表文件。执行菜单命令 File | Setup Printer 或单击主工具栏上的圓按钮，系统弹出 Schematic Printer Setup 对话框，如图 3-25 所示。

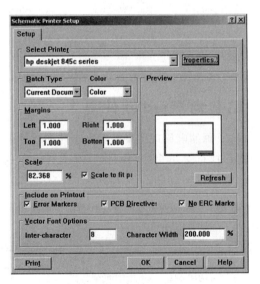

图 3-25 Schematic Printer Setup 对话框

Schematic Printer Setup 对话框中各选项的含义如下。

Select Printer 下拉列表框：选择打印机。

Batch Type 下拉列表框：选择准备打印的电路图文件。有 Current Document（当前文档）和 All Documents（所有文档）两个选项。

Color Mode 下拉列表框：打印颜色设置。有 Color（彩色打印输出）和 Monochrome（单色打印输出）两个选项。

Margins 选项区域：设置页边空白宽度，单位是 Inch（英寸）。共有四项页边空白宽度：Left（左）、Right（右）、Top（上）、Bottom（下）。

Scale 选项区域：设置打印比例，范围是 $0.001\%\sim400\%$。尽管打印比例范围很大，但不要将打印比例设置过大，以免电原理图被分割打印。Scale to fit page 复选框的功能是"自动充满页面"。若选中此项，则无论电原理图的图纸种类是什么，系统都会计算出精确的比例，使电原理图的输出自动充满整个页面。若选中 Scale to fit page，则打印比例设置将不起作用。

Preview 选项区域：打印预览。若改变了打印设置，单击 Refresh 按钮，可更新预览结果。

Properties 按钮：单击此按钮，系统弹出打印设置对话框，如图 3-26 所示。在打印设置对话框中，用户可选择打印机，设置打印纸张的大小、来源、方向等。单击属性按钮可对打印机的其他属性进行设置。

图 3-26　打印设置对话框

打印：单击图 3-25 中的 Print 按钮，或单击图 3-25 中 OK 按钮后执行菜单命令 File | Print。

3.3.3　将电原理图粘贴到 Word 软件中

有时需要把 Protel 99 SE 所画的电原理图粘贴到文字处理软件 Word 中，具体步骤如下。

（1）打开一个电原理图，执行菜单命令 Tools | Preference，系统弹出 Preferences 对话框，选择 Graphical Editing 选项卡，如图 3-27 所示。

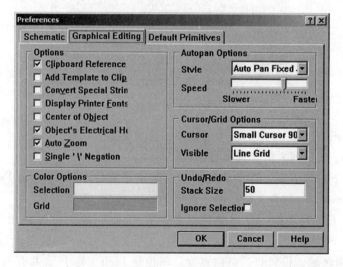

图 3-27　Preferences 对话框

（2）去掉 Add Template to Clipboard（增加图版到剪贴板）复选框后，单击 OK 按钮。

（3）先选中需要粘贴的电原理图，执行菜单命令 Edit｜Copy，用变成十字光标的鼠标单击被选择的电原理图。启动 Word 软件，建立 Word 文件，使用 Word 软件的菜单命令 Edit｜Paste 将电原理图粘贴到 Word 文件中，如图 3-28 所示。

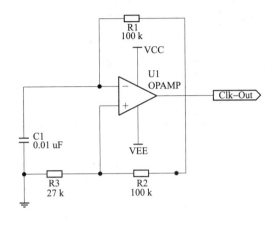

图 3-28　粘贴到 Word 文件中的电原理图

（4）如果选中 Add Template to Clipboard（增加图版到剪贴板）复选框后，粘贴到 Word 文件中的是带图版的电原理图，如图 3-29 所示。

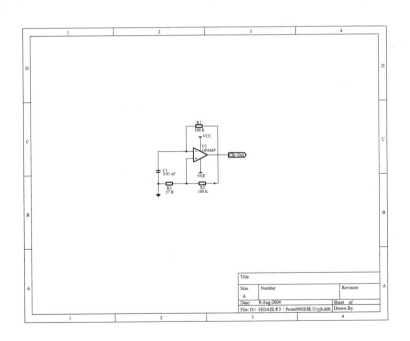

图 3-29　粘贴到 Word 文件中的带图版的电原理图

注意保留 Protel 99 SE 中的原始电原理图，因为电原理图一旦粘贴到 Word 软件中，在 Word 中无法改动。需要改动的时候还需要在 Protel 99 SE 中改动后再粘贴到 Word 中。

项目小结

本项目主要介绍了以下内容。

（1）在复杂的电路中，可以采用层次电原理图来简化电路，层次电原理图由主电路图和若干个子电路图构成，它们之间的连接通过 I/O 端口和网络标号实现。

（2）Protel 99 SE 提供了对电路的电气规则检查（ERC），是利用软件测试设计的电原理图的电气连接和引脚信息，以便能够查找明显的错误。

（3）绘制完毕的电原理图可以生成网络表和元件清单，网络表在电原理图和 PCB 之间起到一个桥梁作用，包含着元件的封装信息和连线信息等综合信息；元件清单主要用于整理和查看当前项目文件或电原理图中所有元件的标号、标称值和数量等信息。

（4）电原理图设计的全部工作完成，最后的工作即保存所有文件和打印输出相关文件。

项目练习

1. 绘制图 3-2 所示的信号发生器电路的层次电原理图，包括主电路图和三个子电路图。

2. 把上述所画的 SIN. Sch（正弦波形成电路）子电路图，执行菜单命令 File｜Setup Printer 或单击主工具栏上的 按钮，打印在 A4 纸上。

3. 把上述所画的 SIN. Sch（正弦波形成电路）子电路图粘贴到文字处理软件 Word 中，要求产生两种情形：一是去掉图纸图版，二是保留图纸图版。

项目 4　电原理图元件绘制

任务目标：

- ☑ 掌握新建电原理图元件库文件的方法
- ☑ 熟悉电原理图元件库管理器
- ☑ 熟悉元件绘制工具
- ☑ 掌握新元件实例的绘制
- ☑ 熟悉有关元件报表的生成

Protel 99 SE 系统尽管具有庞大的元件库，但随着新型元器件的不断涌现，在进行电原理图设计时，经常会用到一些 Protel 99 SE 中没有提供的元件符号。这就需要设计者自己来绘制新元件，Protel 99 SE 提供了一个功能强大的创建电原理图元件的工具，即电原理图元件库编辑程序。

任务 4.1　认识电原理图元件库管理器工作环境

4.1.1　新建电原理图元件库文件

新建电原理图元件库文件的方法与新建电原理图文件的方法相同，只是选择的图标不同。电原理图元件库文件的扩展名是 .Lib。

启动 Protel 99 SE，打开一个设计数据库文件，执行菜单命令 File | New，系统弹出如图 1-14 所示的 New Document 对话框，选择要创建文件类型的图标，即 Schematic Library Document（电原理图元件库文件），然后单击 OK 按钮。新建电原理图元件库文件的窗口如图 4-1 所示，双击电原理图元件库文件 Schlib1.Lib，就可以进入图 4-2 所示的电原理图元件库编辑器。

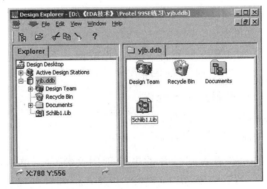

图 4-1　新建电原理图元件库文件

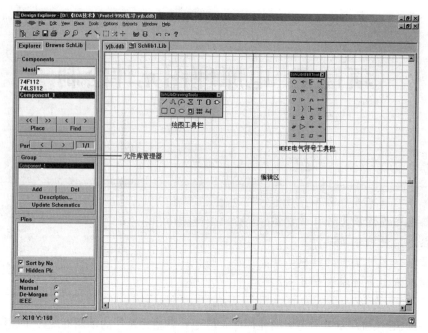

图 4-2　电原理图元件库编辑器主界面

4.1.2　电原理图元件库管理器

图 4-2 所示的电原理图元件库编辑器主界面，与电原理图编辑器界面相似，菜单项及主工具栏的按钮也基本一致，也可以通过菜单或按键进行放大屏幕、缩小屏幕的操作。

不同的是，在电原理图元件库编辑区的中心有一个十字坐标系，将元件库编辑区划分为四个象限。通常在第四象限靠近坐标原点的位置进行元件的编辑。

在电原理图元件库编辑器中提供两个重要的绘制元件工具栏，即绘图工具栏和 IEEE 电气符号工具栏。

下面介绍如图 4-3 所示的元件库管理器 Browse SchLib 选项卡的使用。

1. Components 选项区域

Components 选项区域的主要功能是查找、选择及使用元件。

Mask 文本框：元件过滤，可以通过设置过滤条件过滤掉不需要显示的元件。在设置过滤条件中，可以使用通配符"＊"和"？"。当文本框中输入"＊"时，文本框下方的元件列表中显示元件库中的所有元件。

◀◀按钮：选择元件库中的第一个元件。单击此按钮，系统在元件列表中自动选择第一个元件，且编辑窗口同时显示这个元件的图形。

▶▶按钮：选择元件库中的最后一个元件。

◀按钮：选择元件库中的上一个元件。

▶按钮：选择元件库中的下一个元件。

Place 按钮：将选定的元件放置到打开的电原理图文件中。单击此按钮，系统自动切换到已打开的电原理图文件，且该元件处于放置状态随光标的移动而移动。

Find 按钮：查找元件，此按钮的作用已在 2.4.1 中详细介绍。

图 4-3　元件库管理器 Browse SchLib 选项卡

　　Part 区域中的 ▶ 按钮：选择复合式元件的下一个单元。如图 4-3 中选择了元件 74LS112，Part 区域中显示为 1/2。表示该元件中共有 2 个单元，当前显示的是第一单元。单击 Part 区域中的 ▶ 按钮，则 1/2 变为 2/2，表明当前显示的是第二单元。各单元的图形完全一样，只是引脚号不同。

　　Part 区域中的 ◀ 按钮：选择复合式元件的上一个单元。

2. Group 选项区域

　　Group 选项区域的功能是查找、选择元件集。所谓元件集，即物理外形相同、引脚相同、逻辑功能相同，只是元件名称不同的一组元件。例如，在图 4-3 中选择了元件 74LS112，则在 Group 区域中所列出的元件均与 74LS112 有相同的外形。

　　Add 按钮：在元件集中增加一个新元件。新增加的元件除了元件名不同，与元件集内的所有元件的外形完全相同。

　　Del 按钮：删除元件集内的元件。同时将该元件从元件库中删除。

　　Description 按钮：所选元件的描述。单击该按钮，屏幕弹出图 4-4 所示的元件信息编辑对话框，用于设置元件的默认标号、封装形式（可以有多个）、元件的描述等。

　　Update Schematics 按钮：更新电原理图。如果在元件库中编辑修改了元件符号的图形，单击此按钮，系统将自动更新打开的所有电原理图。

3. Pins 选项区域

　　作用是列出在 Components 选项区域中选中元件的引脚。

　　Sort by Name 复选框：若选中，则列表框中的引脚按引脚号由小到大排列。

　　Hidden Pin 复选框：若选中，则在屏幕的工作区内显示元件的隐藏引脚。

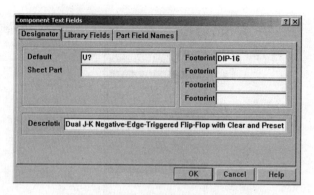

图 4-4　元件信息编辑对话框

4. Mode 选项区域

作用是显示元件的三种不同模式，即 Normal、De-Morgan 和 IEEE 模式。

任务4.2　元件绘制工具

Protel 99 SE 电原理图元件库编辑器中提供了两个绘制元件工具栏，即绘图工具栏和 IEEE 电气符号工具栏，用工具栏命令来完成元件的绘制。

4.2.1　绘图工具栏

执行菜单命令 View｜Toolbar｜Drawing Toolbar，或单击主工具栏上的按钮，可以打开或关闭绘图工具栏（SchLib Drawing Tools）。绘图工具栏的按钮功能如表 4-1 所示。

表 4-1　绘图工具栏的按钮及功能

按　钮	功　能
/	（Place｜Line）：画直线
⋀	（Place｜Beziers）：画弧线
⌒	（Place｜Elliptical Arcs）：画椭圆弧线
⬚	（Place｜Polygons）：画多边形
T	（Place｜Text）：文字标注
▯	（Tools｜New Component）：新建元件
▷	（Tools｜New Part）：添加复合式元件的新单元
▢	（Place｜Rectangle）：绘制直角矩形
▢	（Place｜Round Rectangle）：绘制圆角矩形
○	（Place｜Ellipses）：绘制椭圆
▣	（Place｜Graphic）：插入图片
▦	（Edit｜Paste Array）：将剪贴板的内容阵列粘贴
₂◁	（Place｜Pins）：放置引脚

4.2.2　利用绘图工具栏画图

绘图工具栏（SchLib Drawing Tools）上共有 13 个按钮，对应各相应的绘图功能。下面重点介绍两个功能按钮，分别是画椭圆弧线按钮和画多边形按钮。

1. 画椭圆弧线

画椭圆弧线分为以下几个步骤：确定椭圆弧的圆心位置，确定横向和纵向的半径，确定弧线两个端点的位置。

具体操作方法如下。

（1）单击绘图工具栏（SchLib Drawing Tools）上的画椭圆弧线按钮，此时十字形光标拖动一个椭圆弧线状的图形在工作平面上移动，此椭圆弧线的形状与前一次已画的椭圆弧线形状相同。移动光标到合适位置后单击鼠标左键，确定椭圆的圆心。

（2）此时光标自动跳到椭圆横向的圆周顶点，在工作平面上移动光标，选择合适的椭圆半径长度，单击鼠标左键确认。然后光标将向逆时针方向跳到纵向的圆周顶点，选择适当的半径长度，单击鼠标左键确认。

（3）此后光标会跳到椭圆弧线的一端，可拖动这一端到适当的位置，单击鼠标左键确认，然后光标会跳到弧线的另一端，这时可在确认其位置后单击鼠标左键。此时椭圆弧线的绘制完成。

此时系统仍然处于"画椭圆弧线"的命令状态，可继续重复以上操作，也可单击鼠标右键或按 Esc 键退出。

图 4-5 所示为画椭圆弧线的过程。

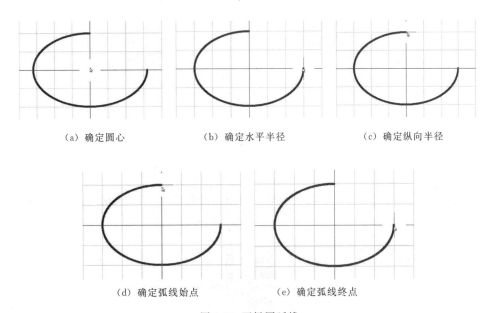

　（a）确定圆心　　　　　　　（b）确定水平半径　　　　　　　（c）确定纵向半径

　（d）确定弧线始点　　　　　　（e）确定弧线终点

图 4-5　画椭圆弧线

按上述方法可以画出如图 4-6 所示的椭圆和图 4-7 所示的圆。

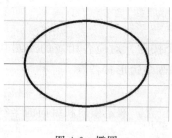

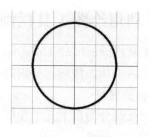

图 4-6　椭圆　　　　　　　　　　　　　　　　图 4-7　圆

2. 画多边形按钮 ⊠

画多边形的绘制步骤如下。

（1）单击绘图工具栏（SchLib Drawing Tools）上的画多边形按钮 ⊠，光标变为十字状。拖动光标到合适位置，单击鼠标左键，确定多边形的一个顶点。

（2）拖动鼠标到下一个顶点处，单击鼠标左键确定。

（3）继续拖动鼠标到多边形的第三个顶点处重复以上步骤，此时在图样上将有浅灰色的示意图形出现。直到一个完整的多边形绘制完毕，这时可单击鼠标右键表示退出此多边形的绘制，则此时绘制的多边形变为实心的灰色图形。

图 4-8 所示为画多边形的过程。

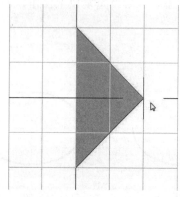

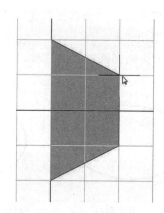

（a）确定第三个顶点　　　　　　　　（b）确定第四个顶点并完成绘制

图 4-8　画多边形

按上述方法可以画出如图 4-9 所示的电原理图元件二极管（DIODE）。

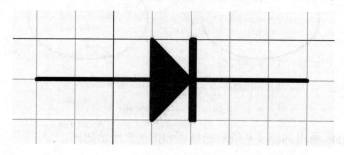

图 4-9　电原理图元件二极管（DIODE）

采用画多边形的方法先画出三角形如图 4-10 所示，然后对此三角形的属性进行修改如图 4-11 所示，这时得到如图 4-12 所示的属性修改后的三角形。

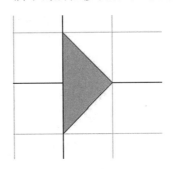

图 4-10   画三角形

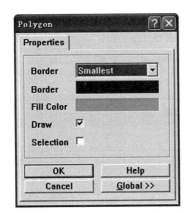

图 4-11   属性修改

也可以用同样方法画出二极管的负极，如图 4-13 所示，这样就可以画出电原理图元件二极管（DIODE）。

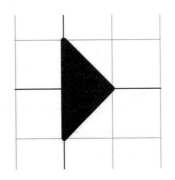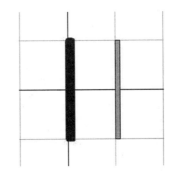

图 4-12   属性修改后的三角形   图 4-13   二极管负极

4.2.3   IEEE 电气符号工具栏

Protel 99 SE 提供了 IEEE 电气符号工具栏，用来放置有关的工程符号，执行菜单命令 View | Toolbars | IEEE Toolbar，或单击主工具栏上的█按钮，可以打开或关闭 IEEE 电气符号工具栏（SchLib IEEE Tools）。工具栏的按钮功能如表 4-2 所示。

IEEE 电气符号工具栏上各按钮的功能对应于 Place 菜单中 IEEE Symbols 子菜单上的各命令。例如，Place | IEEE Symbols | Dot 在表 4-2 中只写 Dot。

表 4-2　IEEE 电气符号工具栏（SchLib IEEE Tools）按钮功能

按　钮	功　能
○	(Dot)：放置低态触发符号
←	(Right Left Signal Flow)：放置信号左向流动符号
⊩	(Clock)：放置上升沿触发时钟脉冲符号
⊣	(Active Low Input)：放置低态触发输入信号
⊥	(Analog Signal In)：放置模拟信号输入符号
✳	(Not Logic Connection)：放置无逻辑性连接符号
⌐	(Postponed Output)：放置具有延迟输出特性的符号
◇	(Open Collector)：放置集电极开路符号
▽	(HiZ)：放置高阻状态符号
▷	(High Current)：放置具有大输出电流符号
⊓	(Pulse)：放置脉冲符号
⊢	(Delay)：放置延迟符号
]	(Group Line)：放置多条输入和输出线的组合符号
}	(Group Binary)：放置多位二进制符号
⊩	(Active Low Output)：放置输出低有效信号
π	(Pi Symbol)：放置 π 符号
≥	(Greater Equal)：放置≥符号
◇	(Open Collector Pull Up)：放置具有上拉电阻的集电极开路符号
◇	(Open Emitter)：放置发射极开路符号
◇	(Open Emitter Pull Up)：放置具有下拉电阻的射极开路符号
#	(Digital Signal In)：放置数字输入信号符号
▷	(Invertor)：放置反相器符号
◂▶	(Input Output)：放置双向输入/输出符号
◂	(Shift Left)：放置左移符号
≤	(Less Equal)：放置小于等于符号
Σ	(Sigma)：放置求和符号
⊓	(Schmitt)：放置具有施密特功能的符号
→	(Shift Right)：放置右移符号

任务 4.3　新元件绘制

4.3.1　新元件绘制实例

这里以绘制一个 74LS112（双 JK 触发器）的一个单元为例，如图 4-14 所示，介绍绘制一个新元件的全过程。

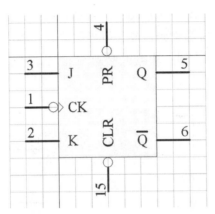

图 4-14　74LS112（双 JK 触发器）的一个单元

1. 新建元件库

启动 Protel 99 SE，打开一个设计数据库文件，执行菜单命令 File｜New，新建电原理图元件库文件，如 Schlib1. Lib，就可以进入电原理图元件库编辑器。

在元件库中，系统会自动新建一个名为 Component＿1 的元件，执行菜单命令 Tool｜Rename Component 改名为 74LS112。

2. 设置工作参数

执行菜单命令 Options｜Document Options，系统弹出 Library Editor Workspace 对话框，如图 4-15 所示。

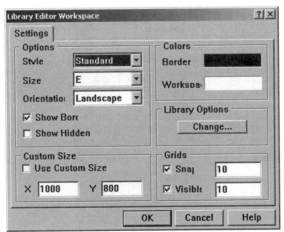

图 4-15　Library Editor Workspace 对话框

在这个对话框中，用户可以设置元件库编辑器界面的式样、大小、方向、颜色等参数。具体设置方法与电原理图文件的参数设置类似。此处采用默认设置。

3. 绘制元件外形

按 Page Up 键放大屏幕，直到屏幕上出现栅格。单击工具栏上的 □ 按钮，在十字坐标第四象限靠近中心的位置绘制元件外形，尺寸为 6 格×6 格，画完的方块如图 4-16 所示。

4. 放置并编辑元件引脚

（1）放置引脚。

单击绘图工具栏（SchLib Drawing Tools）中的 ⚡ 按钮，就会看见鼠标变成一个十字还带着一个引脚（短线），将鼠标移动到该放置引脚的地方，单击鼠标将引脚一个接一个地放置，注意用空格键调整引脚的方向，如图 4-17 所示。

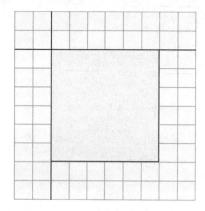

图 4-16　画完的方块

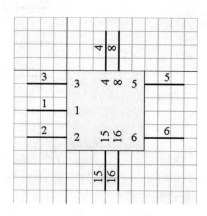

图 4-17　放置引脚

（2）引脚属性。

双击欲编辑的引脚，系统弹出 Pin 属性设置对话框，如图 4-18 所示。

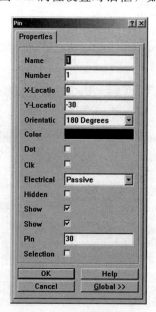

图 4-18　Pin 属性设置对话框

Pin 属性设置对话框中各选项含义如下。

Name：引脚名。

Number：引脚号。

X-Location、Y-Location：引脚的位置。

Orientation：引脚方向。共有 0 Degrees、90 Degrees、180 Degrees、270 Degrees 四个方向。

Color：引脚颜色。

Dot：引脚是否具有反向标志。√表示显示反向标志。

Clk：引脚是否具有时钟标志。√表示显示时钟标志。

Electrical：引脚的电气性质。其中，Input（输入引脚）、IO（输入/输出双向引脚）、Output（输出引脚）、Open Collector（集电极开路型引脚）、Passive（无源引脚）、HiZ（高阻引脚）、Open Emitter（射极输出）、Power（电源 VCC 或接地 GND）。

Hidden：引脚是否被隐藏，选中表示隐藏。

Show Name（图中上方的 Show）：是否显示引脚名，√表示显示。

Show Number（图中下方的 Show）：是否显示引脚号，√表示显示。

注：由于为了统一系统所显示的字体，所以图中 Show 后的字母无法显示出来。

Pin：引脚的长度。

Selection：引脚是否被选中。

（3）编辑引脚名称。

下面按照图 4-14 所示的 74LS112（双 JK 触发器）分别编辑各个引脚。

引脚 1：Name＝CK，Electrical＝ Input，选择 Dot 和 Clk。

时钟脉冲有上升沿和下降沿，对于下降沿的表示方法是用小圆圈。这里要画的时钟引脚是下降沿有效的引脚，所以要画小圆圈。

引脚 2：Name＝K，Electrical＝ Input。

引脚 3：Name＝J，Electrical＝ Input。

引脚 4：Name＝PR，Electrical＝ Input，选择 Dot。

引脚 5：Name＝Q，Electrical＝ Output。

引脚 6：Name＝Q＼，Electrical＝ Output。

引脚 8：Name＝GND，Electrical＝ Power。

引脚 15：Name＝CLR，Electrical＝ Input，选择 Dot。

引脚 16：Name＝VCC，Electrical＝ Power。

经过以上对引脚的设置，得到如图 4-19 所示的未完成的 74LS112（双 JK 触发器）。

（4）编辑引脚长短。

放置引脚时，系统默认的引脚长度为 30 mil，但现在要求引脚长度均为 20 mil。要缩短所有引脚的长度，所以需要进入全局编辑状态。双击任意一个引脚，进入属性设置对话框。在 Pin 输入框中输入 20，然后单击属性设置对话框中的 Global 按钮，进入全局编辑状态，如图 4-20 所示。由于 Change Scope 框中是 Change Matching Item In Current Document，所以只要单击 OK 按钮，就可以看到所有引脚都为 20 mil 了。

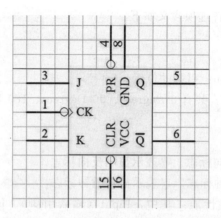

图 4-19　未完成的 74LS112（双 JK 触发器）

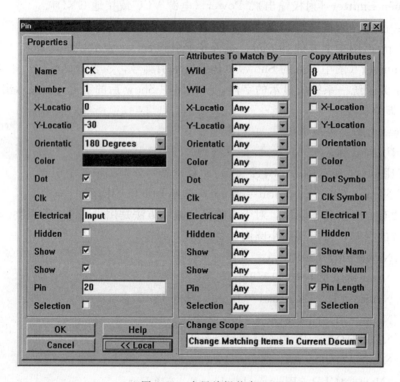

图 4-20　全局编辑状态

（5）隐藏电源地线引脚。

一般情况下，电源和地线引脚是不显示的，需要将它们隐藏，所以应该选择引脚 8 和引脚 16 属性的 Hidden 选项，将这两个引脚隐藏。

（6）编辑元件信息。

单击元件管理器中的 Description 按钮，编辑元件信息，如图 4-21 所示。

（7）元件保存。

当元件设计完成后，单击保存按钮 🖫，将元件存入元件库。最后画成的 74LS112（双 JK 触发器）见图 4-14。

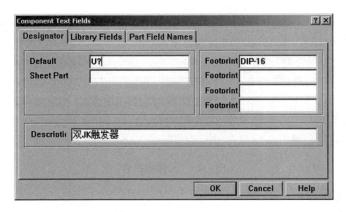

图 4-21　74LS112（双 JK 触发器）元件信息

4.3.2　生成有关元件的报表

1. 元件报表

在元件编辑界面上，执行菜单命令 Report | Component，将产生当前编辑窗口的元件报表。元件报表文件以 .cmp 为扩展名，保存在当前设计项目中。如图 4-22 所示，列出了上述 74LS112（双 JK 触发器）元件报表信息。

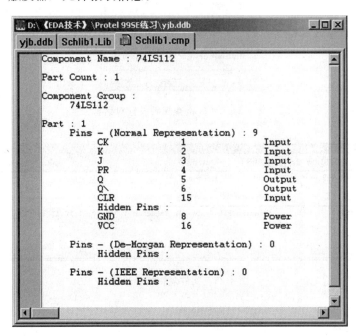

图 4-22　74LS112（双 JK 触发器）元件报表信息

2. 元件库报表

元件库报表中列出当前元件库所有元件的名称及其相关描述，元件库报表的扩展名为 .rep。在元件编辑界面上，执行菜单命令 Report | Library，将对元件编辑器当前的元件库产生元件库报表，如图 4-23 所示。

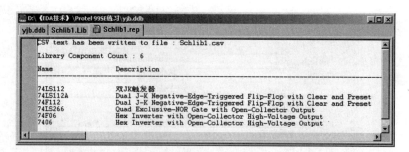

图 4-23　元件库报表

3. 元件规则检查报表

元件规则检查主要是帮助设计者进一步检查和验证工作。例如，检查元件库中的元件是否有错，并指出错误的原因。

在元件编辑界面上，执行菜单命令 Report | Component，将出现如图 4-24 所示的元件检查规则设置对话框。图 4-25 列出了上述 74LS112（双 JK 触发器）元件规则检查报表。报表中指出的错误是遗漏了引脚 7、9、10、11、12、13、14。

图 4-24　元件检查规则设置对话框

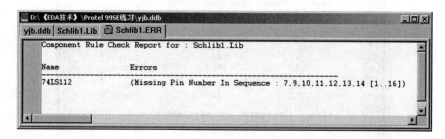

图 4-25　元件规则检查报表

项目小结

本项目主要介绍了以下内容。

（1）Protel 99 SE 中如何利用电原理图元件库编辑程序制作新元件和生成有关元件报表。

（2）Protel 99 SE 元件库编辑提供了两个绘制元件工具栏，即绘图工具栏和 IEEE 电气符号工具栏，用工具栏命令来完成元件的绘制。

（3）通过绘制 74LS112（双 JK 触发器）的一个单元为实例，详细介绍了绘制一个新元件和生成有关元件报表的全过程。

项目练习

1. 电原理图元件库文件的扩展名与电原理图文件的扩展名怎样区别？

2. 简述制作新元件的一般步骤。

3. 试建立一个元件库，并画如图 4-26 所示的新元器件，注意适当调整捕捉栅格（Snap Grid）的大小。

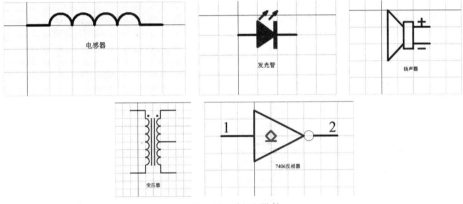

图 4-26　新元器件

4. 绘制图 4-27 所示的集成电路 AT89C52，元件名为 AT89C52，元件封装设置为 DIP40。

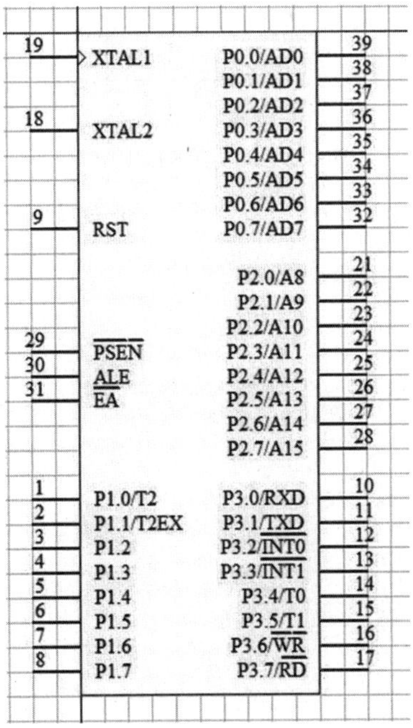

图 4-27　集成电路 AT89C52

5. 绘制图 4-28 所示的集成电路 DS1302，元件名为 DS1302，元件封装设置为 DIP-8。

6. 绘制图 4-29 所示的 LCD 液晶显示屏 LM016L，元件名为 LM016L，元件封装设置为 SIP14，其中图中的液晶显示屏采用插入图片的方法完成。

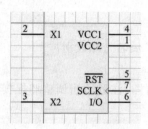

图 4-28　集成电路 DS1302

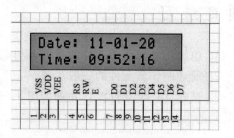

图 4-29　LCD 液晶显示屏 LM016L

7. 绘制图 4-30 所示的排阻 RESPACK，元件名为 RESPACK，元件封装设置为 SIP9。

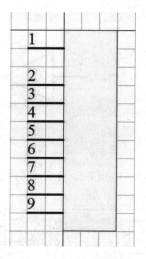

图 4-30　排阻 RESPACK

项目 5　电原理图设计实例

任务目标:

- ☑ 掌握 Protel 99 SE 电原理图设计流程
- ☑ 熟悉新元件的绘制方法
- ☑ 掌握综合运用电原理图设计的技巧
- ☑ 掌握电原理图设计实例的操作

任务 5.1　光电隔离电路的电原理图设计

下面以图 5-1 所示的光电隔离电路为例, 说明如何用 Protel 99 SE 绘制电原理图, 并进行 ERC 检查、产生元件清单和网络表。具体步骤如下。

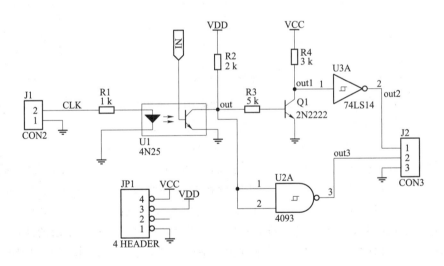

图 5-1　光电隔离电路

(1) 新建电原理图文件。

在 Protel 99 SE 主窗口中执行菜单命令 File | New, 建立一个新的设计数据库文件"光电隔离电路 .Ddb", 再次执行菜单命令 File | New, 选择建立电原理图文档, 新建一个电原理图文件, 并将文件名改为"光电隔离电路"。

(2) 图纸格式设置。

双击"光电隔离电路"图标, 执行菜单命令 Design | Option, 设置图纸大小为 A4, 其

余默认。

（3）加载原理图元件库。

在本例电原理图中，所用的元件——电阻、I/O 端口、三极管和插头均在基本元件库中（Miscellaneous Device.ddb），单击原理图管理器中的 Add/Remove 按钮加载该元件库。

（4）放置元件。

光电隔离电路原理图中的元件列表见表 5-1，在该表中有序号、元件值、元件封装、元件名和说明。

表 5-1　元 件 列 表

序号	元　件　值	元　件　封　装	元　件　名	说　　明
R1	1 k	AXIAL0.3	RES2	Resistor
R2	2 k	AXIAL0.3	RES2	Resistor
R3	5 k	AXIAL0.3	RES2	Resistor
R4	3 k	AXIAL0.3	RES2	Resistor
Q1	2N2222	TO-92A	NPN	NPN BJT
J1	CON2	SIP-2	CON2	Connector
J2	CON3	SIP-3	CON3	Connector
JP1	4 HEADER	FLY-4	4 HEADER	4 Pin Header
U1	4N25	DIP-6	4N25	Opto Isolator
U2	4093	DIP-14	4093	Quad 2-Input NAND Schmitt-Trigger
U3	74LS14	DIP-14	74LS14	Hex Schmitt-Trigger Inverter

在放置元件时，如果不知道元件在哪个元件库中，可以使用 Protel 99 SE 系统提供的强大的搜索功能，方便地查找所需元件。执行菜单命令 Tools | Find Components 或者单击电原理图编辑器中 Browse Sch 选项卡中的 Find 按钮，打开图 5-2 所示的查找元件对话框。在设定的路径下查找元件指定 Specified Path 选项，同时在 Path 文本框中指定查找路径为默认路径，一般默认路径是 Protel 99 SE 元件库所在的文件路径 C：\ Program Files \ Design Explorer 99 SE \ Library \ Sch。例如查找 U1 光电隔离集成电路 4N25，查找的结果有两个库中都有这个集成电路，但符号不一样，如图 5-3 所示，选择一个符合要求的即可。

在元件库中找出这些元件后，将其拖动到合适的位置，有的还需作必要的旋转，放置好元件的原理图如图 5-4 所示。

（5）连接导线。

使用布线工具栏（Wiring Tools）按图 5-1 的电原理图连接好导线。

（6）自动标注编号。

执行菜单命令 Tools | Annotate 对元件自动编号，编号完成后，屏幕显示编号报告文件，如图 5-5 所示。

图 5-2　查找元件对话框

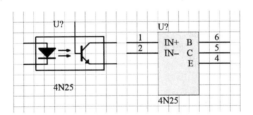

图 5-3　4N25 集成电路不同符号

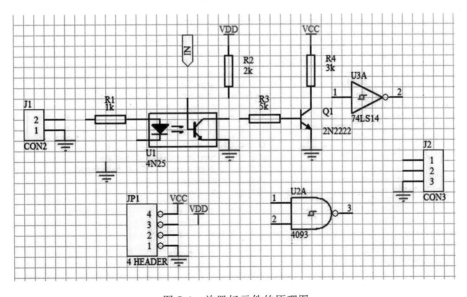

图 5-4　放置好元件的原理图

```
光电隔离电路.Ddb    📖 Sheet1.REP

Protel Advanced Schematic Annotation Report for 'Sheet1' 10:46:50 20-Jan-2011

J?                      => J1
R?                      => R1
JP?                     => JP1
U?                      => U1
R?                      => R2
R?                      => R3
U?A                     => U2A
Q?                      => Q1
R?                      => R4
U?A                     => U3A
J?                      => J2
```

图 5-5　编号报告文件

（7）电气规则检查（ERC）。

执行菜单命令 Tools｜ERC，对画好的电原理图进行电气规则检查，检查完毕后，屏幕显示 ERC 报告文件，如图 5-6 所示。若没有错误，就可以进入下一步。

```
光电隔离电路.Ddb    📖 Sheet1.ERC

Error Report For : Sheet1      20-Jan-2011  13:24:32

End Report
```

图 5-6　ERC 报告文件

（8）生成元件清单。

执行菜单命令 Reports｜Bill of Material，按照提示向导进行操作就可以得到如图 5-7 所示的元件清单，该清单是 Excel 格式的电子表格。

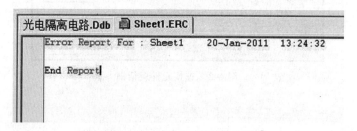

	A	B	C	D
	D20			
1	Part Type	Designator	Footprint	Description
2	1k	R1	AXIAL0.3	Resistor
3	2N2222	Q1	TO-92A	NPN BJT
4	2k	R2	AXIAL0.3	Resistor
5	3k	R4	AXIAL0.3	Resistor
6	4 HEADER	JP1	FLY-4	4 Pin Header
7	4N25	U1	DIP-6	Opto Isolator
8	5k	R3	AXIAL0.3	Resistor
9	74LS14	U3	DIP-14	Hex Schmitt-Trigger Inverter
10	4093	U2	DIP-14	Quad 2-Input NAND Schmitt-Trigger
11	CON2	J1	SIP-2	Connector
12	CON3	J2	SIP-3	Connector
13				

图 5-7　元件清单

（9）建立网络表。

执行菜单命令 Design｜Create Netlist，建立如图 5-8 所示的网络表。

（10）保存文件。

完成电路设计后，保存电原理图的 . Sch 文件和所产生的相关文件。

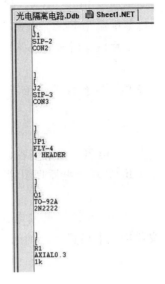

图 5-8　网络表

任务 5.2　单片机实时时钟电路的电原理图设计

下面以图 5-9 所示的单片机实时时钟电路为例，用 Protel 99 SE 绘制电原理图，并进行 ERC 检查、产生元件清单和网络表。具体步骤如下。

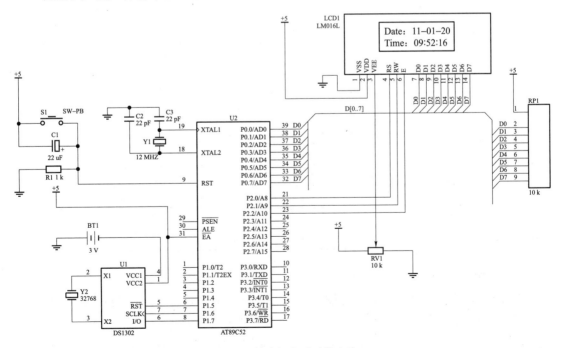

图 5-9　单片机实时时钟电路

（1）新建电原理图文件。

在 Protel 99 SE 主窗口中执行菜单命令 File｜New，建立一个新的设计数据库文件"单片机实时时钟电路 . Ddb"，再次执行菜单命令 File｜New，选择建立电原理图文档，新建一个电原理图文件，并将文件名改为"单片机实时时钟电路"。

（2）图纸格式设置。

双击"单片机实时时钟电路"图标，执行菜单命令 Design｜Option，设置图纸大小为A4，其余默认。

（3）加载电原理图元件库。

在本例电原理图中，所用的元件——电阻、电解电容、三极管和插头等常用元件均在基本元件库中（Miscellaneous Device. ddb），单击电原理图管理器中的 Add/Remove 按钮加载该元件库。

这个电原理图中的集成电路 U1（DS1302）、集成电路 U2（AT89C52）、液晶显示屏LCD1（LM016L）和排阻 RP1，按项目 4 中项目练习的练习 4、5、6、7，创建电原理图元件，并加载新建的原理图元件库。

（4）放置元件。

单片机实时时钟电原理图中的元件列表见表 5-2，在该表中有序号、元件值、元件封装、元件名和说明。在元件库中找出这些元件，将其拖动到合适的位置，有的还需作必要的旋转，放置好元件的电原理图如图 5-10 所示。

表 5-2　元 件 列 表

序　号	元 件 值	元 件 封 装	元 件 名	说　　明
R1	1 k	AXIAL0. 4	RES2	Resistor
RV1	10 k	VR2	POT2	Potentiometer
RP1	10 k	AXIAL0. 3	RES2	Resistor
C1	22 μF	RB-. 2/. 4	ELECTRO1	Electrolytic Capacitor
C2	22 pF	RAD0. 1	CAP	Capacitor
C3	22 pF	RAD0. 1	CAP	Capacitor
Y1	12 MHz	SIP2	XTAL	Crystal Oscillator
Y2	32 768	SIP2	XTAL	Crystal Oscillator
U1	DS1302	DIP8	DS1302	Time IC
U1	AT89C52	DIP40	AT89C52	MCU
S1	SW-PB	ANNIU	SW-PB	Anniu
BT1	3 V	BATTERY	BATTERY	Battery

（5）连接导线。

使用布线工具栏（Wiring Tools）按图 5-9 所示的电原理图连接好导线，包括总线的连接。

（6）自动标注编号。

执行菜单命令 Tools｜Annotate 对元件自动编号，编号完成后，屏幕显示编号报告文件，如图 5-11 所示。

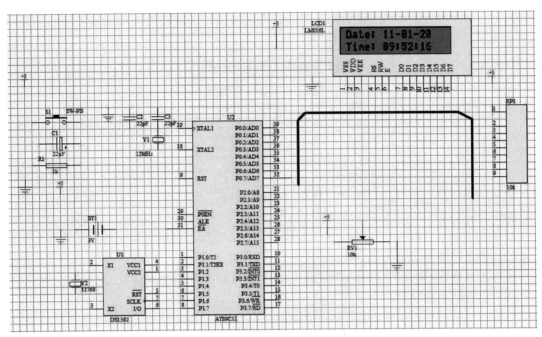

图 5-10　放置好元件的电原理图

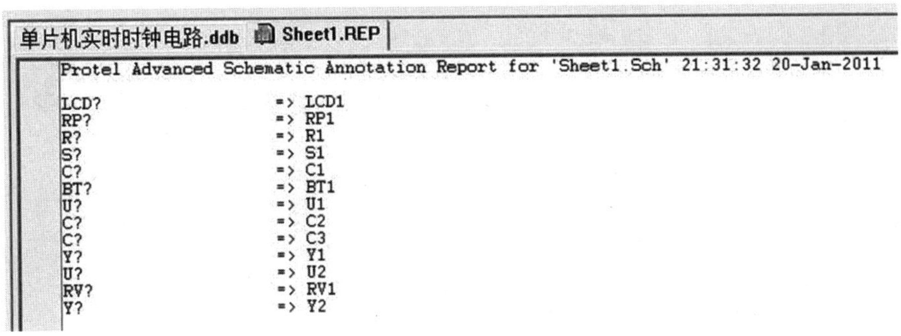

图 5-11　编号报告文件

（7）电气规则检查（ERC）。

执行菜单命令 Tools | ERC，对画好的电原理图进行电气规则检查，检查完毕后，屏幕显示 ERC 报告文件，如图 5-12 所示。若没有错误，就可以进入下一步。

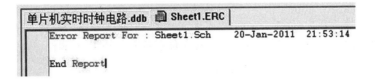

图 5-12　ERC 报告文件

（8）生成元件清单。

执行菜单命令 Reports | Bill of Material，按照提示向导进行操作就可以得到如图 5-13 所示的元件清单，该清单是 Excel 格式的电子表格。

	A	B	C	D
1	Part Type	Designator	Footprint	Description
2	1k	R1	AXIAL0.4	
3	3V	BT1	BATTERY	Battery
4	10k	RP1	SIP9	Res Pack
5	10k	RV1	VR2	Potentiometer
6	12MHz	Y1	SIP2	Crystal Oscillator
7	22pF	C3	RAD0.1	Capacitor
8	22pF	C2	RAD0.1	Capacitor
9	22μF	C1	RB-.2/.4	Electrolytic Capacitor
10	32768	Y2	SIP2	Crystal Oscillator
11	AT89C52	U2	DIP40	MCU
12	DS1302	U1	DIP8	Time IC
13	LM016L	LCD1	SIP14	Time LCD
14	SW-PB	S1	ANNIU	Anniu
15				

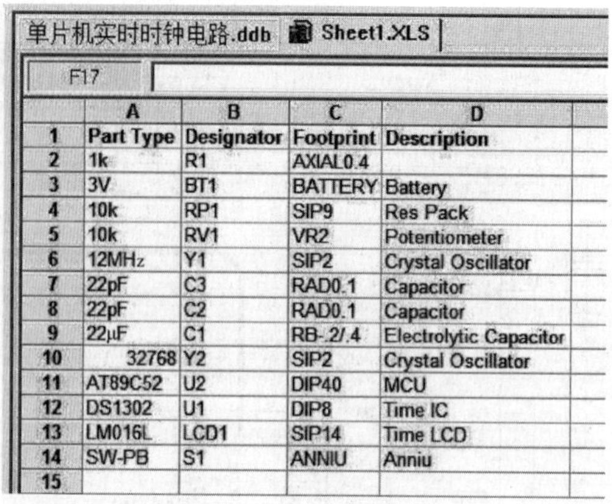

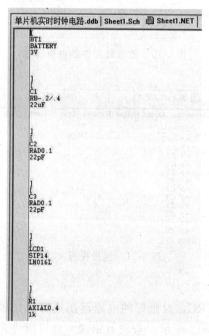

图 5-13 元件清单

（9）建立网络表。

执行菜单命令 Design | Create Netlist，建立如图 5-14 所示的网络表。

图 5-14 网络表

（10）保存文件。

完成电路设计后，保存电原理图的 .Sch 文件和所产生的相关文件。

项目小结

本项目主要介绍了以下内容：

通过光电隔离电路和单片机实时时钟电路的两个设计实例，详细介绍了 Protel 99 SE 电原理图设计的功能及应用，并对 Protel 99 SE 电原理图设计中的一般流程，包括参数设置、放置元件、元件连线、编辑调整、报表文件的生成和文件的保存与输出等步骤，进行了综合分析与运用。

项目练习

1. 绘制如图 5-15 所示时基 555 组成电路的电原理图，要求进行电气规则检查（ERC）、生成元件清单和网络表。元件见表 5-3。

表 5-3 练习 1 的元件表

序号	元 件 值	元 件 封 装	元 件 名
R1	75 k	AXIAL0.5	RES2
R2	10 k	AXIAL0.4	RES2
R3	10 k	AXIAL0.4	RES2
R4	220 k	AXIAL0.4	RES2
R5	10 k	AXIAL0.3	RES2
C1	10 μF	RB-.2/.4	CAPACITOR POL
C2	10 μF	RB-.2/.4	CAPACITOR POL
C3	0.01	RAD0.1	CAP
C4	0.01	RAD0.1	CAP
J1	CON2	SIP-2	CON2
J2	CON2	SIP-2	CON2
U1	NE555N(8)	DIP-8	NE555N(8)
U2	NE555N(8)	DIP-8	NE555N(8)

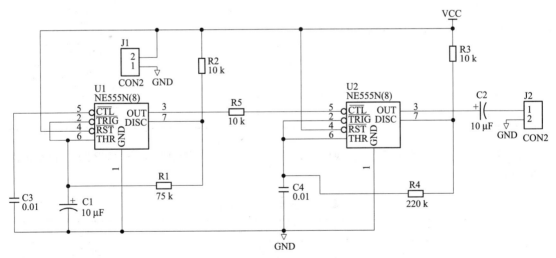

图 5-15 时基 555 组成电路

2. 绘制如图 5-16 所示时钟电路的电原理图，要求进行电气规则检查（ERC）、生成元件清单和网络表。元件见表 5-4。

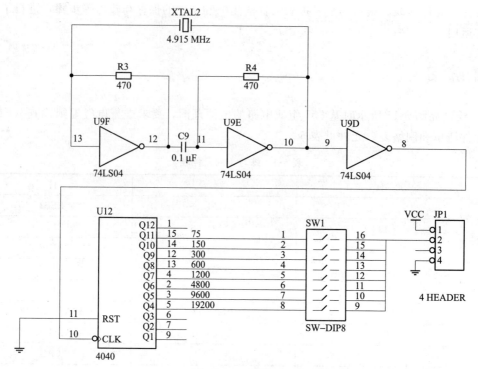

图 5-16　时钟电路

表 5-4　练习 2 的元件表

序　号	元 件 值	元 件 封 装	元 件 名
R3	470	AXIAL0.4	RES2
R4	470	AXIAL0.4	RES2
C9	0.1 μF	RAD0.2	CAP
JP1	4 HEADER	POWER4	4 HEADER
XTAL2	4.915 MHz	XTAL1	CRYSTAL
SW1	SW-DIP8	DIP16	SW-DIP8
U12	4 040	DIP16	4 040
U9A U9B U9C	74LS04	DIP14	74LS04

3. 绘制如图 5-17 所示 A/D 转换电原理图，要求进行电气规则检查（ERC）、生成元件清单和网络表。元件见表 5-5。

表 5-5　练习 3 的元件表

序　号	元 件 值	元 件 封 装	元 件 名
R1	4k7	AXIAL0.4	RES2
R2	4k7	AXIAL0.4	RES2
R3	4k7	AXIAL0.4	RES2
R4	4k7	AXIAL0.4	RES2

续表

序　号	元　件　值	元　件　封　装	元　件　名
R5	4k7	AXIAL0.4	RES2
R6	10 k	VR-2	POT2
R7	1 k	AXIAL0.4	RES2
R8	10 k	AXIAL0.4	RES2
R9	100 k	VR-2	POT2
C1	1 μF	RB-.2/.4	ELECTRO2
C2	1 μF	RB-.2/.4	ELECTRO2
C3	10 nF	RAD0.1	CAP
C4	100 pF	RAD0.1	CAP
C5	0.22 μF	RB-.2/.4	ELECTRO2
D1	1N4733	DIODE0.4	ZENER1
RP1	16PIN	IDC16	16PIN
JP1	4 HEADER	POWER4	4 HEADER
U1	LM324	DIP14	LM324
U2	ADC1001	DIP-20	ADC1001

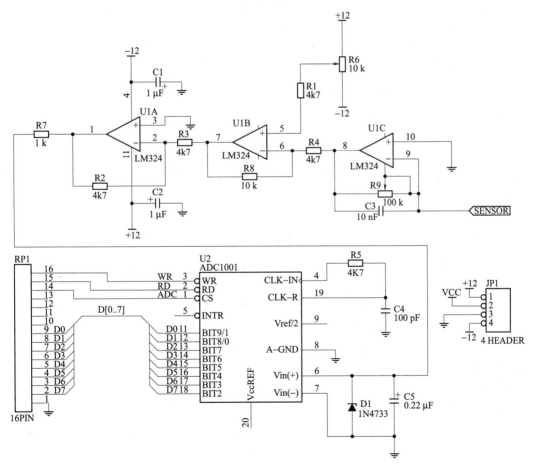

图 5-17 A/D 转换电原理图

项目 6　印制电路板设计基础

任务目标：

- ☑　认识印制电路板（PCB）
- ☑　熟悉 PCB 编辑器的使用
- ☑　掌握设计环境的设置
- ☑　熟悉 PCB 的工作层

印制电路板（Printed Circuit Board，PCB），又称印刷电路板，是电子产品的重要部件之一。在电路设计中，完成了电路原理图设计和电路仿真工作后，还必须设计印制电路板图，最后由制板厂家依据用户所设计的印制电路板图制作出印制电路板。

任务 6.1　认识印制电路板（PCB）

印制电路板是以一定尺寸的绝缘板为基材，以铜箔为导线，经特定工艺加工，用一层或若干层导电图形（铜箔的连接关系）及设计好的孔（如元件孔、机械安装孔、金属化过孔等）来实现元件间的电气连接关系，它就像在纸上印刷上去似的，故得名印制电路板或称印刷电路板。在电子设备中，印制电路板可以对各种元件提供必要的机械支撑，提供电路的电气连接，并用标记符号把板上所安装的各个元件标注出来，以便于插件、检查及调试。

6.1.1　印制电路板（PCB）结构

按照在一块板上导电图形的层数，印制电路板可分为以下三类。

1. 单面板

一面敷铜，另一面没有敷铜的电路板。单面板只能在敷铜的一面布线，其特点是成本低，但仅适用于比较简单的电路设计。对于比较复杂的电路，采用单面板往往比双面板或多层板要困难。

2. 双面板

双面板包括顶层（Top Layer）和底层（Bottom Layer）两层，两面敷铜，中间为绝缘层，两面均可以布线，一般需要由过孔或焊盘连通。由于两面均可以布线，对比较复杂的电路，其布线比单面板布线的布通率高，所以它是目前采用最广泛的电路板结构。

3. 多层板

多层板一般指 3 层以上的电路板。它在双面板的基础上增加了内部电源层、接地层及多个中间信号层。随着电子技术的飞速发展，电路的集成度越来越高，多层板的应用也越来越广泛。但由于多层电路板的层数增加，给加工工艺带来了难度，同时制作成本也很高。

6.1.2 元件的封装（Footprint）

电路原理图中的元件使用的是实际元件的电气符号；PCB 设计中用到的元件则是实际元件的封装。元件的封装由元件的投影轮廓、引脚对应的焊盘、元件标号和标注字符等组成。不同的元件可以共用同一个元件封装，同种元件也可以有不同的封装。所以，在进行印制电路板设计时，不仅要知道元件的名称，而且要确定该元件的封装，这一点是非常重要的。元件的封装最好在进行电路原理图设计时指定。常见元件的封装如图 6-1 所示。

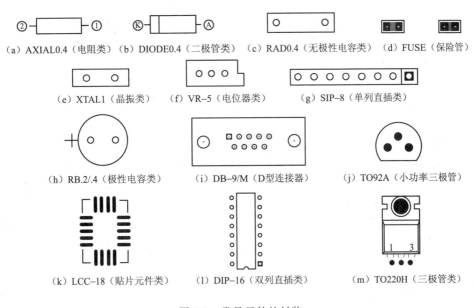

（a）AXIAL0.4（电阻类）　（b）DIODE0.4（二极管类）　（c）RAD0.4（无极性电容类）　（d）FUSE（保险管）

（e）XTAL1（晶振类）　（f）VR-5（电位器类）　（g）SIP-8（单列直插类）

（h）RB.2/.4（极性电容类）　（i）DB-9/M（D型连接器）　（j）TO92A（小功率三极管）

（k）LCC-18（贴片元件类）　（l）DIP-16（双列直插类）　（m）TO220H（三极管类）

图 6-1　常见元件的封装

1. 元件封装的分类

元件的封装形式可分为两大类：针脚式元件封装和表面贴装式元件封装。

（1）针脚式元件封装：这类封装的元件在焊接时，一般先将元件的引脚从电路板的顶层插入焊盘通孔，然后在电路板的底层进行焊接。由于针脚式元件的焊盘通孔贯通整个电路板，故在其焊盘属性对话框内，Layer（层）的属性必须为 Multi Layer（多层）。

（2）表面贴装式元件封装：这类封状的元件在焊接时，元件与其焊盘在同一层。故在其焊盘属性对话框中，Layer 属性必须为单一板层（如 Top layer 或 Bottom layer）。

2. 元件封装的编号

元件封装的编号规则一般为元件类型＋焊盘距离（或焊盘数）＋元件外形尺寸。根据元件封装编号可区别元件封装的规格。例如，AXIAL0.4 表示电阻类元件封装，两个引脚焊盘的间距为 0.4 英寸（400 mil）；RB.2/.4 表示极性电容类元件封装，两个引脚焊盘的间距为 0.2 英寸（200 mil），元件直径为 0.4 英寸（400 mil）；DIP-16 表示双列直插类元件的封装，两列共 16 个引脚。

6.1.3　焊盘（Pad）与过孔（Via）

1. 焊盘（Pad）

焊盘（Pad）的作用是用来放置焊锡、连接导线和元件的引脚。Protel 99 SE 在封装库中给出了一系列不同形状和大小的焊盘，如圆形、方形、八角形焊盘等。根据元件封装的类型，焊盘也分为针脚式与表面贴装式两种，其中针脚式焊盘必须钻孔，而表面贴装式无需钻孔。选择元件的焊盘类型要综合考虑该元件的形状、大小、布置形式、振动和受热情况、受力方向等因素。例如，对电流、发热和受力较大的焊盘，可设计成"泪滴状"。图 6-2 为常见焊盘的形状和尺寸。

　（a）圆形焊盘　（b）方形焊盘　（c）八角形焊盘　（d）表面贴装式焊盘　　　（e）针脚式焊盘的尺寸

图 6-2　常见焊盘的形状与尺寸

2. 过孔（Via）

对于双层板和多层板，各信号层之间是绝缘的，需在各信号层有连接关系的导线的交汇处钻上一个孔，并在钻孔后的基材壁上淀积金属（也称电镀或金属孔化）以实现不同导电层之间的电气连接，这种孔称为过孔（Via）。过孔有三种：从顶层贯通到底层的穿透式过孔、从顶层通到内层或从内层通到底层的盲过孔及内层间的隐蔽过孔。过孔的内径（通孔直径Hole size）与外径（过孔直径 Diameter）尺寸一般小于焊盘的内外径尺寸。图 6-3 所示为过孔的尺寸与类型。

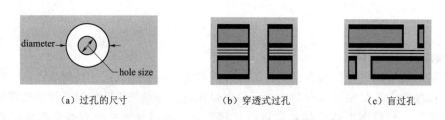

　　　（a）过孔的尺寸　　　　　　　（b）穿透式过孔　　　　　　　（c）盲过孔

图 6-3　过孔的尺寸与类型

6.1.4　铜膜导线（Track）和飞线

1. 铜膜导线（Track）

印制电路板上，在焊盘与焊盘之间起电气连接作用的是铜膜导线，简称导线（Track），是印制电路板最重要的部分。它也可以通过过孔把一个导电层和另一个导电层连接起来。印制电路板设计都是围绕如何布置导线来进行的。

2. 飞线

在 PCB 设计过程中，还有一种与导线有关的线，常称为飞线或预拉线。飞线是在引入

网络表后,系统根据规则生成的用来指引系统自动布线的一种连线。

飞线与铜膜导线有本质的区别:飞线只是一种形式上的连线,它只是形式上表示出各个焊盘间的连接关系,没有电气的连接意义;铜膜导线则是根据飞线指示的焊盘间的连接关系而布置的,是具有电气连接意义的连接线路。

6.1.5 网络 (Net) 和网络表 (Netlist)

从一个元件的某个引脚上到其他引脚或其他元件的引脚上的电气连接关系称作网络(Net)。每一个网络均有唯一的网络名称。网络有人为添加的和系统自动生成的,系统自动生成的网络名由该网络内两个连接点的引脚名称组成。

网络表(Netlist)描述电路中元器件特征和电气连接关系,一般从电路原理图中获取,它是电路原理图设计和 PCB 设计之间的桥梁。

6.1.6 安全间距 (Clearance)

进行印制电路板设计时,为了避免导线、过孔、焊盘及元件间的距离过近而造成相互干扰,就必须在他们之间留出一定的间距,这个间距称为安全间距。图 6-4 所示为安全间距示意图。

图 6-4 安全间距示意图

任务 6.2 PCB 编辑器的使用

进入 PCB 设计系统,实际上就是启动 Protel 99 SE 的 PCB 编辑器。启动 PCB 编辑器与启动电路原理图编辑器的方法类似。

6.2.1 新建 PCB 文件

新建 PCB 文件的方法与新建电路原理图文件的方法相同,只是选择的图标不同。PCB文件的扩展名是 . PCB。

启动 Protel 99 SE,打开一个设计数据库文件,执行菜单命令 File | New,系统弹出如图 1-14 所示的 New Document 对话框,选择要创建文件类型的图标,即 PCB Document(PCB 文件),然后单击 OK 按钮。新建 PCB 文件的窗口如图 6-5 所示,双击 PCB 文件 PCB1. PCB,就可以进入图 6-6 所示的 PCB 编辑器主界面。

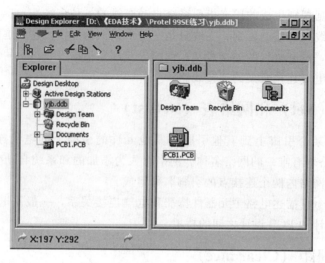

图 6-5　新建 PCB 文件的窗口

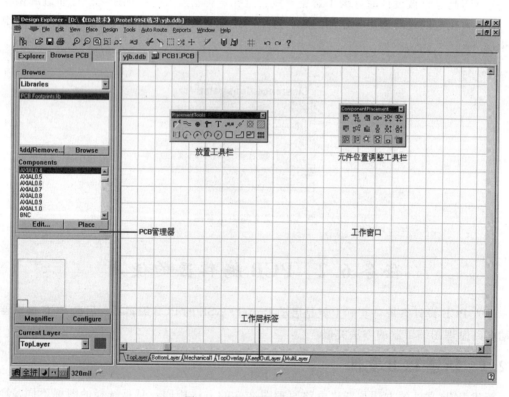

图 6-6　PCB 编辑器主界面

6.2.2　PCB 管理器的使用

图 6-6 所示的 PCB 编辑器主界面与原理图编辑器界面相似，菜单项及主工具栏的按钮也基本一致，也可以通过菜单或按键进行放大屏幕、缩小屏幕的操作。在 PCB 编辑器中提供两个重要的 PCB 设计工具栏，即放置工具栏和元件位置调整工具栏。

下面介绍如图 6-7 所示的 PCB 管理器 Browse PCB 选项卡的使用。

单击 PCB 管理器中的 Browse PCB 选项卡，在 Browse 下拉列表框中选择设定好的对象，选择的对象包括 Nets（网络）、Components（元件）、Libraries（元件库）、Net Classes（网络类）、Component Classes（元件类）、Violations（违反规则信息）和 Rules（设计规则）共 6 类，经常用到的对象是网络、元件和元件库。

1. 网络（Nets）

网络浏览器可以对电路板中的网络进行编辑和管理。如图 6-7（a）所示，在网络列表框中选中某个网络，单击 Edit 按钮可以编辑该网络属性；单击 Select 按钮可以选中网络；单击 Zoom 按钮则可放大显示所选取的网络，同时在节点列表框中显示此网络的所有节点。

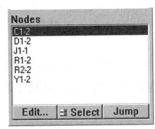
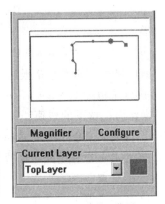

（a）网络列表框　　　　（b）节点列表框　　　　（c）视窗和当前工作层

图 6-7　Browse PCB 选项卡

节点是指网络走线所连接元件引脚的焊盘。在网络列表框中选取某个网络后，该网络的节点全部在节点列表框中列出，如图 6-7（b）所示。选择某个节点，单击 Edit 按钮可以修改该焊盘的各种参数；单击 Select 按钮，该焊盘处于选取状态，呈高亮显示；单击 Jump 按钮，可以将光标跳跃到当前节点上，在印制电路板面积比较大时，可以用它查找元件。

在节点列表框的下方，还有一个微型视窗，如图 6-7（c）所示。视窗的整个矩形代表整个 PCB 工作窗口，可显示在 PCB 管理器中浏览的元件或网络。图中的虚线框代表当前的工作窗口画面，同时在视窗上显示出所选择的网络；视窗还可作为放大镜来使用，若单击视窗下的 Magnifier 按钮，光标变成了放大镜形状，将光标在工作区中移动，便可在视窗中放大显示光标所在的工作区域；单击 Configure 按钮，在弹出的对话框中可选择放大镜的放大比例，或按下空格键也可更改放大比例。

在视窗的下方，有一个 Current Layer 下拉列表框。可用于选择当前工作层，在被选中的工作层边上会显示该层的颜色。

2. 元件（Components）

元件浏览器：显示当前电路板中的所有元件名称和选中元件的所有焊盘。

3. 元件库（Libraries）

元件库浏览器：在放置元件时，必须使用元件库浏览器才会显示元件的封装名。

4. 违反规则信息（Violations）

选取此项设置为违反规则信息浏览器，可以查看当前电路板中的违反规则信息。

5. 设计规则（Rules）

选取此项设置为设计规则浏览器，可以查看并修改当前电路板中的设计规则。

6.2.3 画面显示和坐标原点

1. 画面显示

设计者在进行电路板图的设计时，经常用到对工作窗口中的画面进行放大、缩小、刷新或局部显示等操作，以方便设计者的工作。这些操作既可以使用主工具栏中的图标，也可以使用菜单命令或快捷键。具体操作方法与电路原理图编辑器一样。

显示整个电路板/整个图形文件，常用的命令如下。

① 执行菜单命令 View | Fit Board，在工作窗口显示整个电路板，但不显示电路板边框外的图形。

② 执行菜单命令 View | Fit Document 或单击主工具栏中的 按钮，可将整个图形文件在工作窗口显示。如果电路板边框外有图形，也同时显示出来。

③ 执行菜单命令 View | Refresh 或使用快捷键 END 键，可以刷新画面，可清除因移动元件等操作而已留下的残痕。

④ 执行菜单命令 View | Board in 3D 或单击主工具栏中的 按钮，可以显示整个印制电路板的 3D 模型，一般在电路布局或布线完毕后，使用该功能观察元件的布局或布线是否合理。

2. 坐标原点

在 PCB 编辑器中，系统已经定义了一个坐标系，坐标原点称为 Absolute Origin（绝对原点），位于电路板图的左下角，一般在工作区的左下角附近设计印制电路板。用户可根据需要自己定义坐标系，只需设置用户坐标原点，该坐标原点称为 Relative Origin（相对原点），或称为当前原点。

执行菜单命令 Edit | Origin | Set 或单击放置工具栏中的 按钮，将光标移到要设置为新的坐标原点的位置，单击左键，即可设置新的坐标原点。若要恢复到绝对坐标原点，执行菜单命令 Edit | Origin | Reset 即可。

任务 6.3　PCB 设计环境的设置

6.3.1 栅格和计量单位设置

执行菜单命令 Design | Options，在出现的对话框中选中 Options 选项卡，出现如图 6-8 所示的栅格设置对话框。

1. 捕捉栅格设置

用于设置捕捉栅格（Snap）、元件移动栅格（Component）光标移动的间距。使用 Snap X 和 Snap Y 两个下拉列表框，可设置在 X 和 Y 方向的捕捉栅格的间距；或单击主工具栏的 按钮，在弹出的捕捉栅格设置对话框中输入捕捉栅格的间距。使用 Component X 和 Component Y 两个下拉列表框，可设置元件在 X 和 Y 方向的移动间距。

2. 可视栅格类型设置

可视栅格是系统提供的一种在屏幕上可见的栅格。通常可视栅格的间距为一个捕获栅格的距离或是其数倍。Protel 99 SE 提供 Dots（点状）和 Lines（线状）两种显示类型。

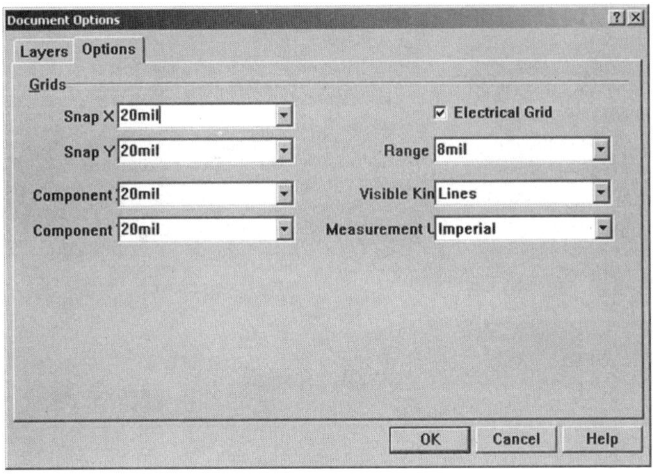

图 6-8 栅格设置对话框

3. 电气栅格设置

电气栅格主要是为了支持 PCB 的布线功能而设置的特殊栅格。当任何导电对象（如导线、过孔、元件等）没有定位在捕捉栅格上时，就该启动电气栅格功能。只要将某个导电对象移到另外一个导电对象的电气栅格范围内，就会自动连接在一起。选中 Electrical Grid 复选框表示启动电气栅格的功能。Range（范围）用于设置电气栅格的间距，一般比捕捉栅格的间距小一些才行。

4. 计量单位设置

Protel 99 SE 提供 Metric（公制）和 Imperial（英制）两种计量单位，系统默认为英制。电子元件的封装基本上都采用英制单位，如双列直插式集成电路的两个相邻引脚的中心距为 0.1 英寸（100 mil）；贴片类集成电路的相邻引脚的中心距为 0.05 英寸（50 mil）等。所以，设计时的计量单位最好选用英制。英制的默认单位为 mil（毫英寸）；公制的默认单位为 mm（毫米）。

执行菜单命令 View | Toggle Units 也可以实现英制和公制的切换。

6.3.2 工作参数设置

Protel 99 SE 提供的 PCB 工作参数包括 Options（特殊功能）、Display（显示状态）、Colors（工作层面颜色）、Show/Hide（显示/隐藏）、Defaults（默认参数）、Signal Integrity（信号完整性）共 6 部分。根据实际需要和自己的喜好来设置这些工作参数，可建立一个自己喜欢的工作环境。

执行菜单命令 Tools | Preference，弹出如图 6-9 所示的 Preferences 对话框。

1. Options 选项卡

单击 Options 选项卡，如图 6-9 所示。

Autopan options（自动移边）选项区域：系统默认值为 Adaptive（自适应模式），以 Speed 文本框的设定值来控制移边操作的速度。

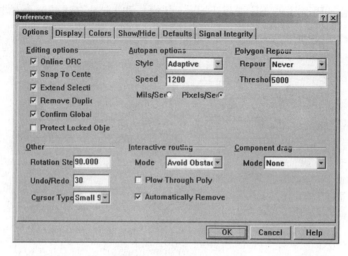

图 6-9　Preferences 对话框

Component drag（元件拖动模式）选项区域：在 Mode 下拉列表框中选择 None，则在拖动元件时只拖动元件本身；选择 Connected Track，则在拖动元件时该元件的连线也跟着移动。

Other（其他）选项区域：

Rotation Step——设置元件的旋转角度，默认值为 90 度；

Undo/Redo——设置撤销/重复命令可执行的次数，默认值为 30 次；

Cursor Type——设置光标形状，有 Large 90（大十字线）、Small 90（小十字线）、Small 45（小叉线）三种。

2. Display 选项卡

单击 Display 选项卡，如图 6-10 所示。

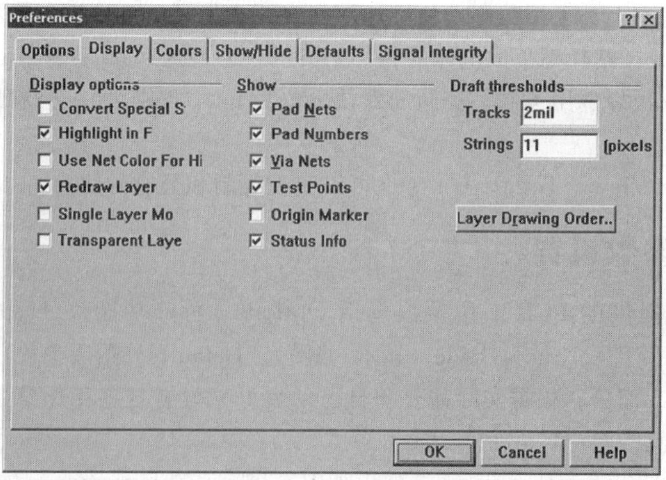

图 6-10　Display 选项卡

此选项卡用于设置显示状态。其中 Pad Nets 用于设置显示焊盘的网络名，Pad Numbers 用于设置显示焊盘号，Via Nets 用于设置显示过孔的网络名，为了布局、布线时方便查对电路，一般都要选中。

3. Colors 选项卡

此选项卡主要用来调整各板层和系统对象的显示颜色，如图 6-11 所示。

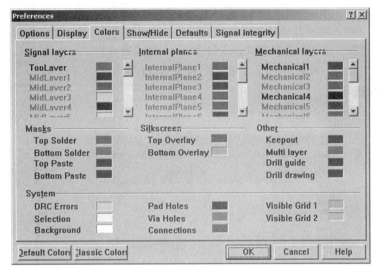

图 6-11　Colors 选项卡

在 PCB 设计中，由于工作层数多，为区分不同工作层上的铜膜线，必须将各工作层设置为不同颜色。要设置某一工作层的颜色，单击该工作层名称旁边的颜色块，在弹出的 Choose Color（选择颜色）对话框中拖动滑块来选择给出的颜色，也可自定义工作层的颜色。

无特殊需要，最好不要改动颜色设置，否则带来不必要的麻烦。如出现颜色混乱，可单击 Default Colors（系统默认颜色）或 Classic Colors（传统颜色）按钮加以恢复。Classic Colors 方案为系统的默认选项。

4. Show/Hide 选项卡

单击 Show/Hide 选项卡，如图 6-12 所示。

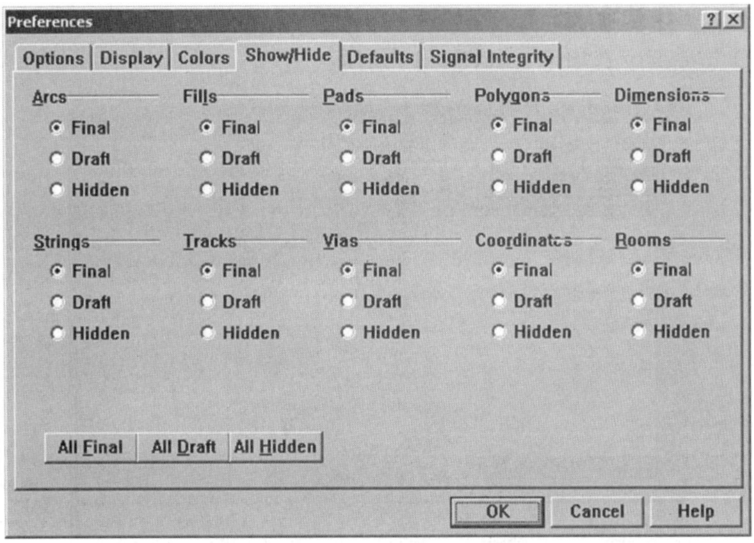

图 6-12　Show/Hide 选项卡

此选项卡用于对 10 个对象提供了 Final（最终图稿）、Draft（草图）和 Hidden（隐藏）三种显示模式。这 10 个对象包括 Arcs（弧线）、Fills（矩形填充）、Pads（焊盘）、Polygons（多边形填充）、Dimensions（尺寸标注）、Strings（字符串）、Tracks（导线）、Vias（过孔）、Coordinates（坐标标注）、Rooms（布置空间）。使用 All Final、All Draft 和 All Hidden 三个按钮，可分别将所有元件设置为最终图稿、草图和隐藏模式。设置为 Final 模式的对象显示效果最好，设置为 Draft 模式的对象显示效果较差，设置为 Hidden 模式的对象不会在工作窗口显示。

5. Defaults 选项卡

单击 Defaults 选项卡，如图 6-13 所示。

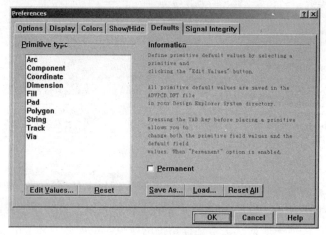

图 6-13　Defaults 选项卡

此选项卡主要用来设置各电路板对象的默认属性值。

先选择要设置的对象的类型，再单击 Edit Values 按钮，在弹出的对象属性对话框中即可调整该对象的默认属性值。单击 Reset 按钮，就会将所选对象的属性设置值恢复到原始状态。单击 Reset All 按钮，就会把所有对象的属性设置值恢复到原始状态。

6. Signal Integrity 选项卡

单击 Signal Integrity 选项卡，如图 6-14 所示。

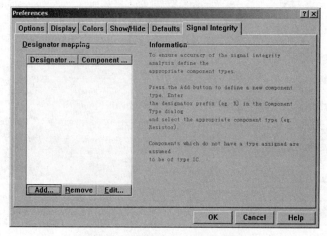

图 6-14　Signal Integrity 选项卡

此选项卡主要用来设置信号的完整性，通过该选项卡可以设置元件标号和元件类型之间的对应关系，为信号完整性分析提供信息。

任务 6.4　认识 PCB 的工作层

6.4.1　PCB 的工作层

印制电路板呈层状结构，在 Protel 99 SE 中进行 PCB 设计时，程序提供了多个工作层。执行菜单命令 Design | Options，弹出如图 6-15 所示的 Document Options 对话框。

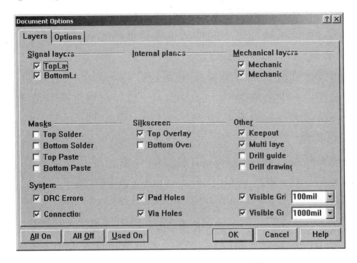

图 6-15　Document Options 对话框

6.4.2　工作层的类型

1. Signal layers 信号层

信号层主要用于放置电路板上的导线。Protel 99 SE 提供了 32 个信号层，包括 Top Layer（顶层）、Bottom layer（底层）和 30 个 MidLayer（中间层）。中间层位于顶层与底层之间，只能布设铜膜导线，在实际的电路板中是看不见的。

2. Internal plane layers 内部电源/接地层

Protel 99 SE 提供了 16 个内部电源/接地层。该类型的层仅用于多层板，主要用于布置电源线和接地线。通常称为双层板、四层板、六层板，一般是指信号层和内部电源/接地层的数目。

3. Mechanical layers 机械层

Protel 99 SE 提供了 16 个机械层，一般用于设置电路板的外形尺寸、数据标记、对齐标记、装配说明及其他机械信息。

4. Solder mask layers 阻焊层

为了让电路板适应波峰焊等机器焊接形式，要求电路板上非焊接处的铜箔不能粘锡。所以在焊盘以外的各部位都要涂覆一层涂料，如阻焊漆，用于阻止这些部位上锡。阻焊层用于在设计过程中匹配焊盘，是自动产生的。Protel 99 SE 提供了 Top Solder（顶层）和 Bottom Solder（底层）两个阻焊层。

5. Paste mask layers 锡膏防护层

它和阻焊层的作用相似，不同的是在机器焊接时对应的表面粘贴式元件的焊盘。Protel 99 SE 提供了 Top Paste（顶层）和 Bottom Paste（底层）两个锡膏防护层。

6. Silkscreen layers 丝印层

丝印层主要用于放置印制信息，如元件的外形轮廓和元件标注、各种注释字符等。Protel 99 SE 提供了 Top Overlay 和 Bottom Overlay 两个丝印层。

7. Keepout layer 禁止布线层

禁止布线层用于定义在电路板上能够有效放置元件和布线的区域。在该层绘制一个封闭区域作为布线有效区，在该区域外是不能自动布局和布线的。

8. Multi layers 多层

电路板上焊盘和穿透式过孔要穿透整个电路板，与不同的导电图形层建立电气连接关系，因此系统专门设置了一个抽象的层——多层。一般焊盘与过孔都要设置在多层上，如果关闭此层，焊盘与过孔就无法显示出来。

9. Drill layers 钻孔层

钻孔层提供电路板制造过程中的钻孔信息（如焊盘、过孔就需要钻孔）。Protel 99 SE 提供了 Drill guide（钻孔指示图）和 Drill drawing（钻孔图）两个钻孔层。

10. 系统设置

用户还可以在对话框中的 System 选项区域设置 PCB 系统设计参数，各选项功能如下。

Connections：用于设置是否显示飞线。在绝大多数情况下，在进行布局调整和布线时都要显示飞线。

DRC Errors：用于设置是否显示电路板上违反 DRC 的检查标记。

Pad Holes：用于设置是否显示焊盘通孔。

Via Holes：用于设置是否显示过孔的通孔。

Visible Grid1：用于设置第一组可视栅格的间距及是否显示出来。

Visible Grid2：用于设置第二组可视栅格的间距及是否显示出来。一般在工作窗口看到的栅格为第二组栅格，放大画面之后，可见到第一组栅格。可视栅格的尺寸大小也可在其中设置。

6.4.3　工作层的设置

在 Protel 99 SE 中，系统默认打开的信号层仅有顶层和底层，在实际设计时应根据需要自行定义工作层的数目。

1. 设置信号层、内部电源层/接地层

执行菜单命令 Design | Layer Stack Manager，可弹出图 6-16 所示的 Layer Stack Manager（工作层堆栈管理器）对话框。

选中 TopLayer，用鼠标单击对话框右上角的 Add Layer（添加层）按钮，就可在顶层之下添加一个信号层的中间层（MidLayer），共可添加 30 个中间层。单击 Add Plane 按钮，可添加一个内部电源/接地层，共可添加 16 个内部电源/接地层。

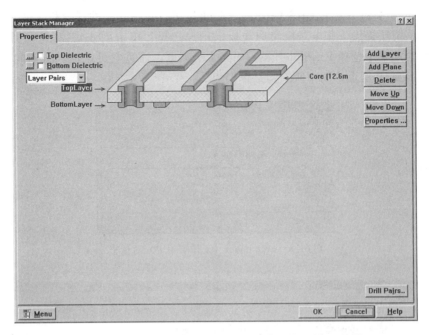

图 6-16　Layer Stack Manager（工作层堆栈管理器）对话框

图 6-17 所示为设置了 3 个中间层、2 个内部电源层/接地层的工作层面图。

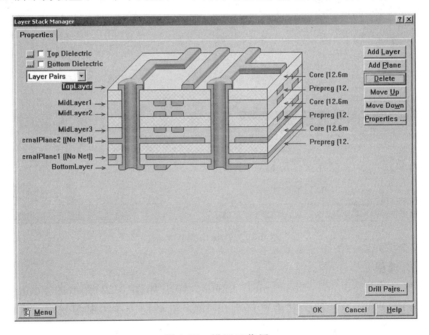

图 6-17　设置工作层

如果要删除某个工作层，可以先选中该层，然后单击图中 Delete 按钮。单击 Move Up 按钮或 Move Down 按钮可以调节工作层面的上下关系。

如果要编辑某个工作层，可以先选中该层，单击 Properties（属性）按钮，可设置该层的 Name（名称）和 Copper thickness（覆铜厚度），如图 6-18 所示。

单击图 6-17 中右下角的 Drill Pairs 按钮，可以进行对钻孔层的管理和编辑。

另外，系统还提供一些电路板实例样板供用户选择。单击图 6-17 中左下角的 Menu 按钮，在弹出的菜单中选择 Example Layer Stack 子菜单，通过它可选择具有不同层数的电路板样板，如图 6-19 所示，图中所选的是单层板。

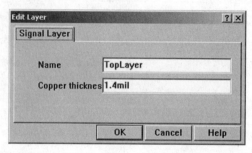

图 6-18   Edit Layer（工作层编辑）对话框

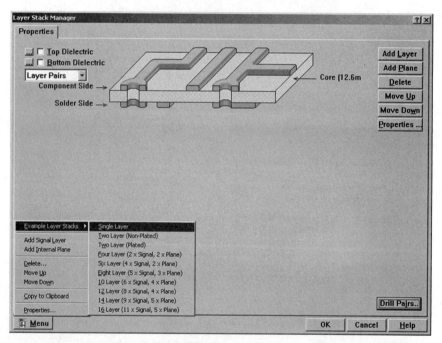

图 6-19   选择电路板样板

2. 设置机械层

执行菜单命令 Desigen | Mechanical Layer，弹出如图 6-20 所示的 Setup Mechanical Layers（机械层设置）对话框，其中已经列出 16 个机械层。单击某复选框，可打开相应的机械层，并可设置层的名称、是否可见、是否在单层显示时放到各层等参数。

3. 工作层的打开与关闭

在图 6-15 所示的 Document Options 对话框中，单击 Layers 选项卡，可以发现每个工作层前都有一个复选框。如果相应工作层前的复选框中被选中（√），则表明该层被打开，否则该层处于关闭状态。用鼠标左键单击 All On 按钮，将打开所有的层；单击 All Off 按钮，所有的层将被关闭；单击 Used On 按钮，可打开常用的工作层。

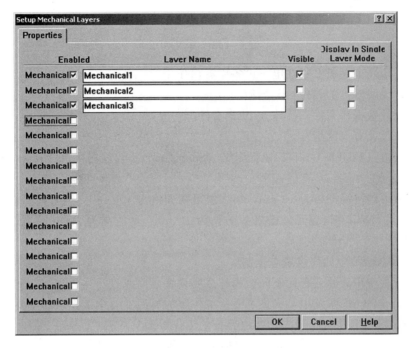

图 6-20　Setup Mechanical Layers（机械层设置）对话框

4. 当前工作层的选择

在进行布线时，必须选择相应的工作层，设置当前工作层可以用鼠标左键单击工作区下方工作层标签栏上的某一个工作层，完成当前工作层的转换，如图 6-21 所示。当前工作层的转换也可以使用快捷键来实现，按下小键盘上的 * 键，可以在所有打开的信号层之间切换；按下＋键和－键可以在所有打开的工作层之间切换。

TopLayer　BottomLayer　Mechanical1　Mechanical4　TopOverlay　KeepOutLayer　MultiLayer

图 6-21　选择当前工作层

项目小结

本项目主要介绍了以下内容。

（1）印制电路板（Printed Circuit Board，PCB），又称印刷电路板，是电子产品的重要部件之一。本项目介绍了印制电路板的概念、作用及分类；按印制电路板的结构划分，PCB可分为单面板、双面板、多层板三种。

（2）绘制印制电路板图有关的元件封装、焊盘、过孔、铜膜导线、飞线、网络、网络表和安全间距等基本概念。

（3）新建 PCB 文件的方法；PCB 编辑器的使用，PCB 编辑器中的画面管理、窗口管理和画面显示和坐标原点。

（4）工作层是印制电路板中比较重要的概念，要分清 Protel 99 SE 提供的各种工作层的名称、功能和根据需要如何设置工作层的方法。

项目练习

1. 什么是印制电路板？它在电子设备中有何作用？

2. 试举例说明常见的元件封装类型。

3. 建立设计数据库文件，并建立 PCB 文件。

4. 焊盘和过孔有何区别？

5. 可视栅格（Visible Grid）、捕捉栅格（Snap Grid）、元件栅格（Component Grid）和电气栅格（Electrical Grid）有何区别？

6. 设置第一组可视栅格为 10 mil，第二组可视栅格为 100 mil；设置捕捉栅格 X 方向为 5 mil，Y 方向为 5 mil；设置元件栅格 X 方向为 10 mil，Y 方向为 10 mil；设置电气栅格的范围为 4 mil。

7. 在 PCB 99 SE 中如何设置单位制？

8. 绝对原点与相对原点有何不同？为什么要设置当前原点？

9. 在 Protel 99 SE 系统中，提供了哪些工作层的类型？各个工作层的主要功能是什么？

10. 在 PCB99 SE 中如何设置印制电路板的工作层面？

11. 观察 Default Colors 和 Classic Colors 的区别。

项目 7   人工设计 PCB

任务目标：

- ☑ 熟悉人工设计 PCB 的步骤
- ☑ 熟悉电路板的定义
- ☑ 掌握加载 PCB 元件库的方法
- ☑ 掌握放置设计对象
- ☑ 熟悉人工布局
- ☑ 掌握电路板图的打印

任务 7.1   人工设计 PCB 的步骤及定义电路板

7.1.1   人工设计 PCB 的步骤

人工设计 PCB 就是指设计者根据电路原理图进行人工放置元件、焊盘、过孔等设计对象，并进行线路连接的操作过程。人工设计 PCB 是耗时和费力的，但是掌握人工设计 PCB 的技术还是非常必要的，它是 PCB 设计的基础。人工设计 PCB 一般遵循以下步骤。

(1) 启动 Protel 99 SE，建立设计数据库和 PCB 文件。

(2) 定义电路板。

(3) 加载 PCB 元件库。

(4) 放置设计对象。

(5) 人工布局。

(6) 电路调整。

(7) 打印电路板。

7.1.2   物理边界和电气边界

在 PCB 设计中，首先要定义电路板，即定义印制电路板的工作层和电路板的大小。定义电路板有直接定义电路板和使用向导定义电路板两种方法。定义电路板的大小需要定义电路板的物理边界和电气边界。

1. 物理边界

物理边界是指电路板的机械外形和尺寸。Protel 99 SE 系统提供了 16 个机械层，比较合理的定义方法是在一个机械层上绘制电路板的物理边界，而在其他机械层上放置物理尺寸、队列标记和标题信息等。一般在 Mechanical1 或 Mechanical4 来绘制电路板的物理边界。

2. 电气边界

电路板的电气边界是指在电路板上设置的元件布局和布线的范围。电气边界一般定义在禁止布线层（Keepout Layer）上。禁止布线层是一个对于电路板自动布局、自动布线非常有用的层，它用于限制布局、布线的范围。为了防止元件的位置和布线过于靠近电路板的边框，电路板的电气边界要小于物理边界，如电气边界距离物理边界 50 mil。

一般情况下，也可以不确定物理边界，而用电路板的电气边界来替代物理边界。

7.1.3 直接定义电路板

1. 设置电路板工作层

启动 Protel 99 SE，建立设计数据库，新建 PCB 文件。这样建立的 PCB 文件具有如下工作层的双层板（具有两个信号层）。

（1）顶层（TopLayer）：放置元件并布线。

（2）底层（BottomLayer）：布线并进行焊接。

（3）机械层 1（Mechanical1）：用于确定电路板的物理边界，也就是电路板的边框。

（4）顶层丝印层（Top Overlay）：放置元件的轮廓、标注及一些说明文字。

（5）禁止布线层（Keepout layer）：用于确定电路板的电气边界。

（6）多层（Multi layer）：用于显示焊盘和过孔。

2. 设置电路板边缘尺寸

用电路板的电气边界来设置电路板边缘尺寸，把当前工作层切换为 Keepout Layer，执行菜单命令 Place | Line，或单击放置工具栏的放置连线按钮≈，放置连线，绘制出电路板的电气边界。绘制好的电路板的电气边界如图 7-1 所示。

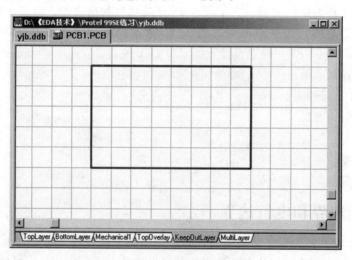

图 7-1 绘制好的电路板的电气边界

7.1.4 使用向导定义电路板

对于初学者，使用系统提供的电路板生成向导来定义电路板会带来许多方便，同时也可以根据向导指导的步骤来学习定义电路板。具体操作步骤如下。

1. 启动电路板向导

执行菜单命令 File | New，在弹出的对话框中选择 Wizards 选项卡，如图 7-2 所示。

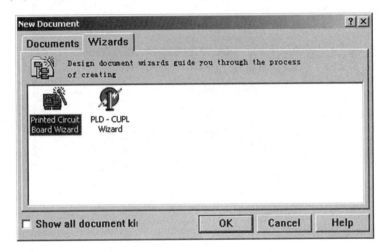

图 7-2　新建 PCB 文件的 Wizards 选项卡

2. 进入电路板向导

选择 Printed Circuit Board Wizard（印制电路板向导）图标，单击 OK 按钮，将弹出如图 7-3 所示的电路板向导对话框。

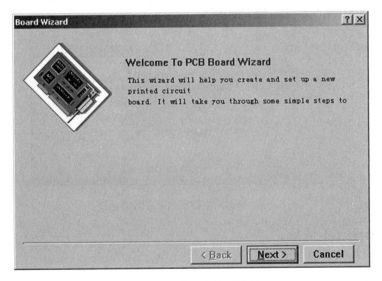

图 7-3　电路板向导对话框

3. 选择预定义标准板

单击 Next 按钮，将弹出如图 7-4 所示的选择预定义标准板对话框。在列表框中可以选择系统已经预先定义好的板卡的类型。若选择 Custom Made Board，则设计作者自行定义电路板的尺寸等参数。若选择其他选项，则直接采用现成的标准板。同时可以选择电路板的尺寸单位（Units），提供 Metric（公制）和 Imperial（英制）两种计量单位，系统默认为英制。

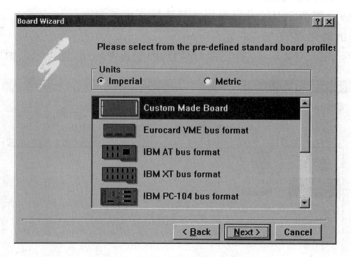

图 7-4   选择预定义标准板对话框

4. 定义电路板基本信息

选择 Custom Made Board 选项，单击 Next 按钮，系统弹出自定义电路板相关参数对话框，如图 7-5 所示。

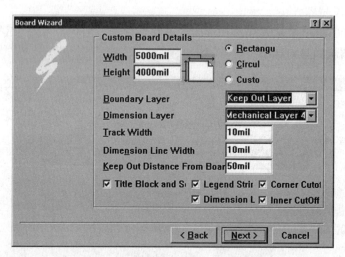

图 7-5   自定义电路板相关参数对话框

对话框的具体参数设置如下。

Width：设置电路板的宽度。

Height：设置电路板的高度。

Rectangular：设置电路板的形状为矩形，需确定宽和高这两个参数。

Circular：设置电路板的形状为圆形，需确定半径这个参数。

Custom：自定义电路板的形状。

Boundary Layer：设置电路板边界所在层，默认为 Keep Out Layer。

Dimension Layer：设置电路板的尺寸标注所在层，默认为 Mechanical Layer 4。

Track Width：设置电路板边界走线的宽度。

Dimension Line Width：设置尺寸标注线宽度。

Keep Out Distance From Board Edge：设置从电路板物理边界到电气边界之间的距离尺寸。

Title Block and scale：设置是否显示标题栏。

Legend String：设置是否显示图例字符。

Dimension Line：设置是否显示电路板的尺寸标注。

Corner Cutoff：设置是否在电路板的四个角的位置开口。该项只有在电路板设置为矩形板时才可设置。

Inner Cutoff：设置是否在电路板内部开口。该项只有在电路板设置为矩形板时才可设置。

设置完成后，系统将弹出几个有关电路板尺寸参数设置的对话框，对所定义的电路板的形状、尺寸加以确认或修改，如图 7-6、图 7-7 和图 7-8 所示。

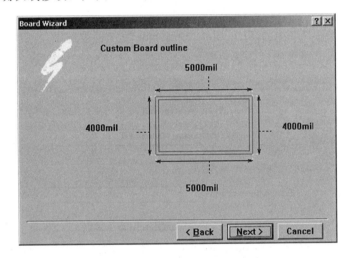

图 7-6　对电路板的边框尺寸进行设置

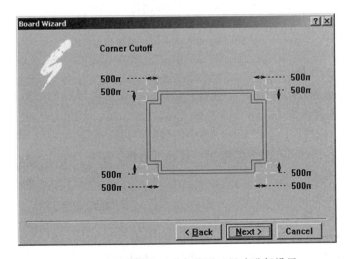

图 7-7　对电路板的四个角的开口尺寸进行设置

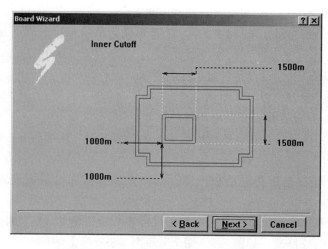

图 7-8　对电路板内部开口进行设置

设置完毕，如果图 7-5 中的 Title Block and scale 复选框被选中，系统将弹出如图 7-9 所示的对话框，可输入电路板的标题块信息。

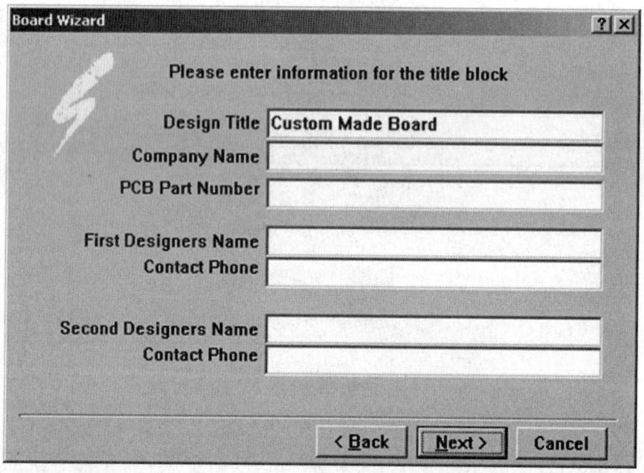

图 7-9　输入电路板的标题块信息

5. 定义电路板工作层

单击 Next 按钮，将弹出如图 7-10 所示对话框，可设置信号层的层数和类型，以及电源/接地层的数目。各项含义如下。

Two Layer-Plated Through Hole：两个信号层，过孔电镀。

Two Layer-Non Plated：两个信号层，过孔不电镀。

Four Layer：4 层板。

Six Layer：6 层板。

Eight Layer：8 层板。

Specify the number of Power/Ground planes that will be used in addition to the layers above：选取内部电源/接地层的数目，包括 Two（两个内部层）、Four（四个内部层）和 None（无内层）三个选项。

注意：该电路板向导不支持单层板。

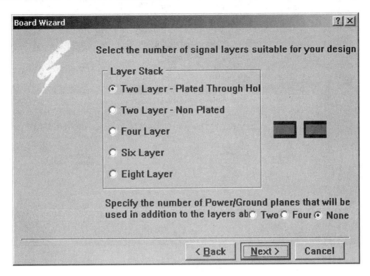

图 7-10　设置信号层的层数和类型等参数

6. 设置过孔类型

单击 Next 按钮，将弹出如图 7-11 所示的对话框，可设置过孔类型（穿透式过孔、盲过孔和隐藏过孔）。对于双层板，只能使用穿透式过孔。

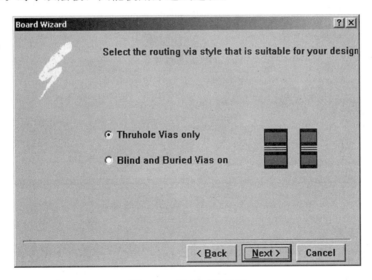

图 7-11　设置过孔类型

7. 选择元件形式

单击 Next 按钮，将弹出如图 7-12 所示的对话框，可设置将要使用的布线技术。根据电路板中针脚式元件和表面粘贴式元件哪一个较多进行选择。如选择表面粘贴式元件（Surface-mount components），还要设置元件是否在电路板的两面放置，如图 7-12 所示；如选择针脚式元件（Through-hole components），还要设置在两个焊盘之间穿过导线的数目，如图 7-13 所示，有 One Track、Two Track 和 Three Track 三个选项。

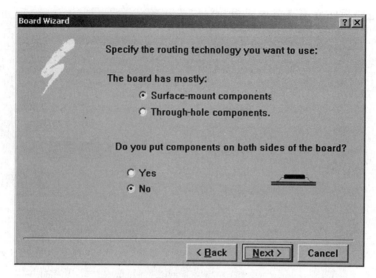

图 7-12　选择表面粘贴式元件时的设置

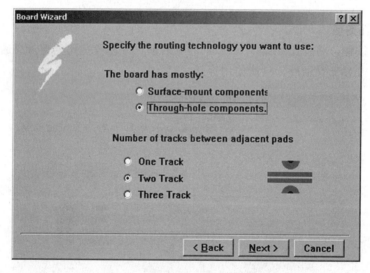

图 7-13　选择针脚式元件时的设置

8. 走线参数设置

单击 Next 按钮，将弹出如图 7-14 所示的对话框，可设置最小的导线宽度、最小的过孔尺寸和相邻走线的最小间距。这些参数都会作为自动布线的参考数据。设置参数如下。

Minimum Track Size：设置最小的导线尺寸。

Minimum Via Width：设置最小的过孔外径直径。

Minimum Via HoleSize：设置过孔的内径直径。

Minimum Clearance：设置相邻走线的最小间距。

9. 保存模板

单击 Next 按钮，弹出是否作为模板保存的对话框，如图 7-15 所示。如果选择此项，再输入模板名称和模板的文字描述。

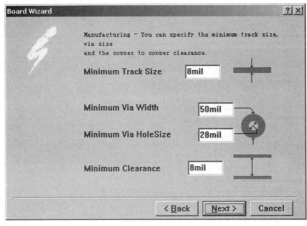

图 7-14　设置走线参数

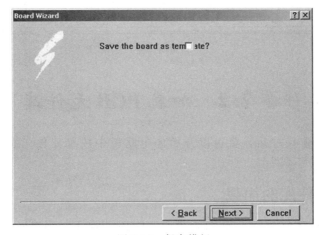

图 7-15　保存模板

10. 完成

单击 Next 按钮，弹出完成对话框，如图 7-16 所示，单击 Finish 按钮结束生成电路板的过程，该电路板已经定义完毕。最后形成如图 7-17 所示的电路板。

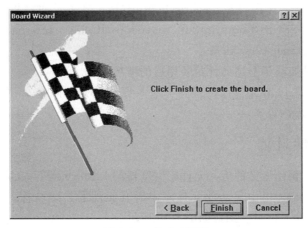

图 7-16　完成对话框

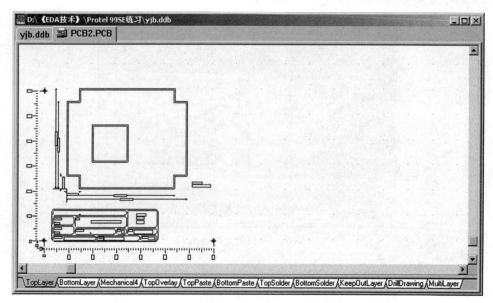

图 7-17 利用向导生成的 PCB

任务 7.2 加载 PCB 元件库

确定电路板的外形尺寸后，就可以开始向电路板中放置元件。放置元件前，先加载 PCB 元件库。

7.2.1 PCB 元件库的加载

在 PCB 管理器中选中 Browse PCB 选项卡，在 Browse 下拉列表框中选择 Libraries，将其设置为元件库浏览器。

Protel 99 SE 在 \ Program Files \ Design Explorer 99 SE \ Library \ Pcb 路径下有三个文件夹，提供三类 PCB 元件，即 Connector（连接器元件封装库）、Generic Footprints（普通元件封装库）和 IPC Footprints（IPC 元件封装库）。在三个文件夹下各有若干元件封装库，比较常用的元件封装库主要在 Generic Footprints（普通元件封装库）文件夹中。常用的元件封装库有：PCB Footprint. lib、General IC. lib、International Rectifiers. lib、Miscellaneous. lib、Transistors. lib 等。

图 7-18 显示的是加载了上述元件封装库后的情况。

加载、移除与浏览 PCB 元件库的操作方法与原理图元件库基本一致，可参考任务 2.3 的加载电原理图元件库内容。

7.2.2 浏览元件封装

打开了某个 PCB 元件库文件后，元件库浏览器的 Library 栏下方的元件序列表区将出现元件库名，在 Component 栏中显示此元件库中所有元件的封装名称。选中某个元件封装，下方的视窗中将出现此元件封装图，如图 7-19 所示。

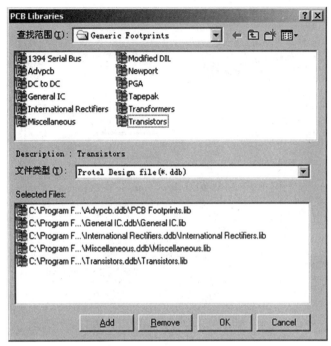

图 7-18 加载元件封装库

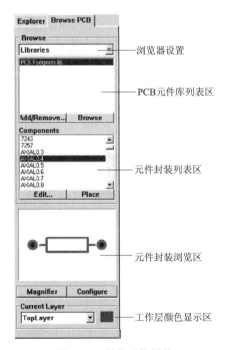

图 7-19 浏览元件封装

  如果觉得视窗太小，可以单击元件库浏览器右下角的 Browse 按钮，屏幕弹出元件封装浏览对话框，如图 7-20 所示，可以进行元件封装浏览，从中可以获得元件的封装图，窗口右下角的三个按钮可用来调节图形显示的大小。

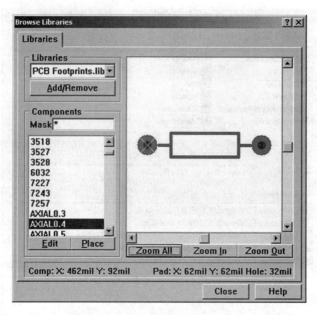

图 7-20　元件封装浏览对话框

任务7.3　放置PCB设计对象

人工设计 PCB 时，先要在电路板上放置元件、焊盘、过孔等设计对象，然后根据电路原理图中的电气连接关系进行布线并放置一些标注文字等。这些操作可以通过执行主菜单 Place 中的各命令来实现，还可以通过 Protel 99 SE 提供的 Placement Tools（放置工具栏）来进行。放置工具栏使用起来非常方便，执行菜单命令 View | Toolbars | Placement Tools，即可打开如图 7-21 所示的放置工具栏。

图 7-21　放置工具栏

7.3.1　放置元件

1. 通过放置工具栏或菜单放置

单击放置工具栏的 按钮，或执行菜单命令 Place | Component，来放置元件的封装形式。屏幕弹出放置元件对话框，如图 7-22 所示，在 Footprint 文本框中输入元件封装的名称，如果不知道可单击 Browse 按钮去元件封装库中浏览；在 Designator 文本框中输入元件的标号；在 Comment 文本框中输入元件的型号或标称值。单击 OK 按钮放置元件。

放置元件后，系统再次弹出放置元件对话框，可继续放置元件。单击 Cancel 按钮，退出放置状态。

图 7-22 放置元件对话框

2. 通过元件库直接放置

从图 7-19 所示的元件浏览器中选中元件后，单击右下角的 Place 按钮光标便会跳到工作区中，同时还带着该元件的封装图，将光标移到合适位置后，单击鼠标左键，放置该元件。这种方法较为常用，但必须知道所要放置的元件在哪一个元件库中。

在放置元件的命令状态下，按下 Tab 键或用鼠标左键双击已放置的元件，屏幕弹出图7-23 所示的元件属性对话框，可以设置元件属性。

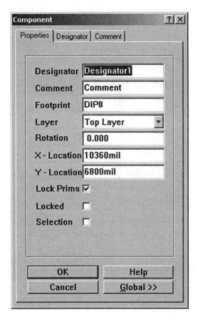

图 7-23 元件属性对话框

设置的参数说明如下。

Designator：设置元件的标号。

Comment：设置元件的型号或标称值。

Footprint：设置元件的封装。

Layer：设置元件所在的层。

Rotation：设置元件的旋转角度。

X-Location 和 Y-Location：元件所在位置的 X、Y 方向的坐标值。

Lock Prims：选中此项，该元件封装图形不能被分解开。

Locked：选中此项，该元件被锁定。不能进行移动、删除等操作。

Selection：选中此项，该元件处于被选取状态，呈高亮。

图 7-23 中的 Designator 和 Comment 选项卡的功能是对元件这两个属性的进一步设置，较容易理解，这里不再赘述。

7.3.2　放置焊盘和过孔

1. 放置焊盘

单击放置工具栏中的 ⊙ 按钮或执行菜单命令 Place | Pan，进入放置焊盘状态，将光标移到放置焊盘的位置，单击鼠标左键，便放置了一个焊盘，焊盘中心有序号。这时光标仍处于命令状态，可继续放置焊盘。单击鼠标右键，退出放置状态。

在放置焊盘的命令状态下，按下 Tab 键或用鼠标左键双击已放置的焊盘，屏幕弹出图 7-24 所示的焊盘属性对话框，可以设置焊盘属性。

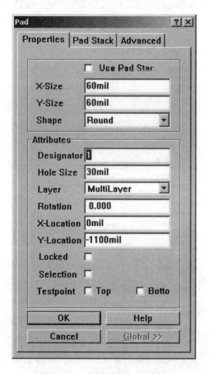

图 7-24　焊盘属性对话框

焊盘设置的参数说明如下。

Use Pad Stack 复选框：设定使用焊盘栈。选中此项，本栏将不可设置。焊盘栈就是在多层板中的同一焊盘在顶层、中间层和底层可各自拥有不同的尺寸与形状。

X-Size、Y-Size：设定焊盘在 X 和 Y 方向的尺寸。

Shape：选择焊盘形状。从下拉列表框中可选择焊盘形状，有 Round（圆形）、Rectangle（正方形）和 Octagonal（八角形）。

Designator：设定焊盘的序号，从 0 开始。

Hole Size：设定焊盘的通孔直径。

Layer：设定焊盘的所在层，通常选择 MultiLayer（多层）。

Rotation：设定焊盘旋转角度。

X-Location、Y-Location：设定焊盘的 X 和 Y 方向的坐标值。

Locked：选中此项，焊盘被锁定。

Selection：选中此项，焊盘处于选取状态。

Testpoint：将该焊盘设置为测试点。有两个选项，即 Top 和 Bottom。设为测试点后，在焊盘上会显示 Top 或 Bottom Test-Point 文本，且 Locked 属性同时被选取，使之被锁定。

在自动布线中，必须对独立的焊盘进行网络设置，这样才能完成布线。在图 7-24 所示的焊盘属性对话框中选中 Advanced 选项卡，如图 7-25 所示，在 Net 下拉列表框中选定所需的网络。

图 7-25　Advanced 选项卡

2. 放置过孔

单击放置工具栏中的 按钮，或执行菜单命令 Place｜Via，进入放置过孔状态，将光标移到放置过孔的位置，单击鼠标左键便放置了一个过孔。这时光标仍处于命令状态，可继续放置过孔。单击鼠标右键退出放置状态。

在放置过孔过程中，按 Tab 键或用鼠标左键双击已放置的过孔，将弹出过孔属性对话框，如图 7-26 所示，可设置过孔的有关参数。

Diameter：设定过孔直径。

Hole Size：设置过孔的通孔直径。

Start Layer、End Layer：设定过孔的开始层和结束层的名称。

Net：设定该过孔属于哪个网络。

其他参数的设置方法与焊盘属性的设置基本类似。

图 7-26　过孔属性对话框

7.3.3　放置导线和连线

放置导线的过程就是人工布线的过程，布线操作就是根据原理图中元件之间的连接关系在各元件的焊盘之间放置导线。

1. 布线的一般原则

（1）相邻导线之间要有一定的绝缘距离。

（2）信号线在拐弯处不能走成直角。

（3）电源线和地线的布线要短、粗且避免形成回路。

2. 放置导线

（1）放置直线。

单击放置工具栏中的 按钮，或执行菜单命令 Place | Interactive Routing（交互式布线），当光标变成十字形，将光标移到导线的起点，单击鼠标左键；然后将光标移到导线的终点，再单击鼠标左键，一条直导线被绘制出来，单击鼠标右键，结束本次操作。

（2）放置折线。

与放置直线不同的是，当导线出现 90°或 45°转折时，在终点处要双击鼠标左键。在放置导线过程中，同时按下 Shift＋空格键，可以切换导线转折方式，共有六种，分别是 45°转折、弧线转折、90°转折、圆弧角转折、任意角度转折和 1/4 圆弧转折，如图 7-27 所示。

（3）设置导线属性。

在放置导线完毕后，用鼠标左键双击该导线，弹出导线属性对话框，如图 7-28 所示。设置的参数说明如下：

Width：导线宽度。

Layer：导线所在的层。

Net：导线所在的网络。

Locked：导线位置是否锁定。

Selection：导线是否处于选取状态。

Start-X、Start-Y：导线起点的 X 轴、Y 轴坐标。

End-X、End-y：导线终点的 X 轴、Y 轴坐标。

Keepout：选取该复选框，则此导线具有电气边界特性。

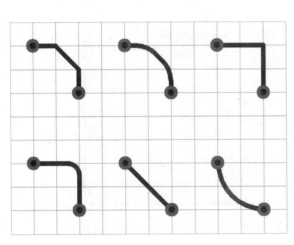

图 7-27 导线的转折方式

图 7-28 导线属性对话框

另一种设置导线属性的方法为：先进行设计规则的设置，在 PCB 编辑器中，执行菜单命令 Design | Rules，将弹出如图 7-29 所示的 Design Rules（设计规则）对话框，并选中有关布线的设计规则（Routing）选项卡，再选中设置布线宽度（Width Constraint）选项。

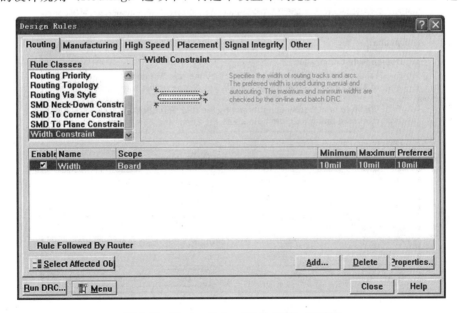

图 7-29 Design Rules（设计规则）对话框

图中系统默认的布线宽度的最小值（Minimum Width）、最大值（Maximum Width）和首选值（Preferred Width）都为 10 mil，需要把最大值（Maximum Width）扩大，比如扩大到 100 mil，按 Properties 按钮进行修改，如图 7-30 所示。

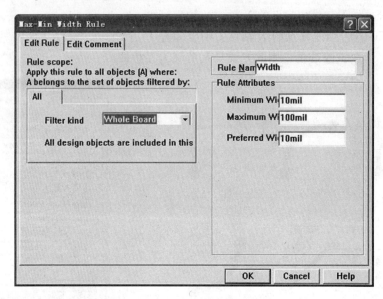

图 7-30　布线宽度最大值的修改

完成上述设置后就可以进行导线属性的设置：单击放置工具栏中的 按钮，或执行菜单命令 Place | Interactive Routing（交互式布线），当光标变成十字形，将光标移到导线的起点，这时导线按系统默认宽度是 10 mil；如果要加粗到 40 mil，可以按 Tab 键弹出如图 7-31 所示的对话框，把 Trace Width 宽度修改为 40 mil 就可以画出如图 7-32 所示的导线图。

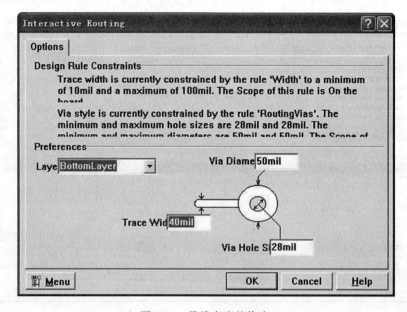

图 7-31　导线宽度的修改

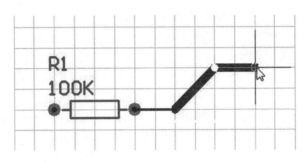

图 7-32   导线图

（4）不同板层上放置导线。

多层板中，在不同板层上放置导线应采用垂直布线法，即一层采用水平布线，则相邻的另一层应采用垂直布线。在绘制电路板时，不同层之间铜膜线的连接依靠过孔（金属化孔）实现。即在多层板中，导线可以依靠过孔，从另一层穿过去，如上层导线可以依靠过孔穿到下层。

3. 放置连线

连线一般是在非电气层上绘制电路板的边界、元件边界、禁止布线边界等，它不能连接到网络上，绘制时不遵循布线规则。而导线是在电气层上元件的焊盘之间构成电气连接关系的连线，它能够连接到网络上。在手工布线时，放置导线和放置连线一般不加以区分，但在自动布线时，要采用放置导线（交互式布线）的方法。所以导线与连线还是有所区别的。

单击放置工具栏的 ≋ 按钮，或执行菜单命令 Place | Line。放置连线的方法和连线的参数设置、编辑等操作与导线中所讲方法相同，可参考上述内容。

7.3.4   放置填充块和铺铜

1. 放置填充块

在印制电路板设计中，为提高系统的抗干扰性，以及根据地线尽量加宽原则和有利于元件散热，通常需要设置大面积的电源/地线区域，这可以用填充区来实现。填充块可以放置于任何层上，若放置在信号层上，它代表一块铜箔，具有电气特性，经常在地线中使用；若放置在非信号层上，代表不具有电气特性的标志块。

单击放置工具栏中的 ▫ 按钮，或执行菜单命令 Place | Fill，光标变为十字形，将光标移到放置矩形填充的位置，单击鼠标左键，确定矩形填充的第一个顶点，然后拖动鼠标，拉出一个矩形区域，再单击鼠标左键，完成一个矩形填充的放置。

这时光标仍处于命令状态，可继续放置矩形填充，单击鼠标右键，退出放置状态。

2. 放置铺铜

在高频电路中，为了提高 PCB 的抗干扰能力，通常使用大面积铜箔进行屏蔽，大面积铜箔的散热一般要对铜箔进行开槽，实际使用中可以通过放置多边形铺铜来解决开槽问题。

单击放置工具栏中的 ◢ 按钮，或执行菜单命令 Place | Polygon Plane，弹出铺铜属性设置对话框，如图 7-33 所示。在对话框中设置有关参数后，单击 OK 按钮，光标变成十字形，进入放置铺铜状态。用鼠标定义一个封闭区域，程序自动在此区域内铺铜。

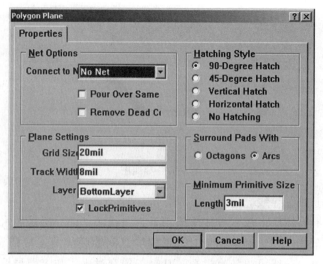

图 7-33　铺铜属性设置对话框

铺铜属性设置对话框的参数说明如下。

（1）Net Options 选项区域：设置铺铜与电路网络间的关系。

Connect to Net 下拉列表框：选择所隶属的网络名称。

Pour Over Same Net 复选框：该项有效时，在铺铜时遇到该连接的网络就直接覆盖。

Remove Dead Copper 复选框：该项有效时，如果遇到死铜的情况就将其删除。把已经设置与某个网络相连，而实际上没有与该网络相连的铺铜称为死铜。

（2）Plane Settings 选项区域。

Grid Size 文本框：设置铺铜的栅格间距。

Track Width 文本框：设置铺铜的线宽。

Layer 下拉列表框：设置铺铜所在的层。

（3）Hatching Style 选项区域：设置铺铜的格式。

在铺铜中，采用五种不同的填充格式，如图 7-34 所示。

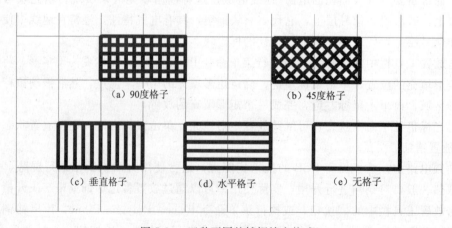

图 7-34　五种不同的铺铜填充格式

（4）Surround Pads With 选项区域：设置铺铜环绕焊盘的方式。

在铺铜属性设置对话框中，提供两种铺铜环绕焊盘方式，即圆弧方式和八边形方式，如图 7-35 所示。

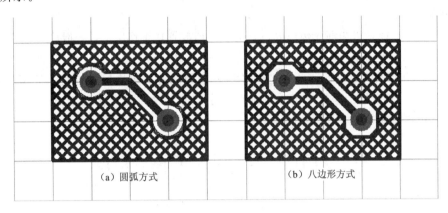

(a) 圆弧方式   (b) 八边形方式

图 7-35   铺铜环绕焊盘的方式

（5）Minimum Primitive Size 选项区域：设置铺铜内最短的走线长度。

填充块与铺铜是有区别的。填充块将整个矩形区域以覆铜全部填满，同时覆盖区域内所有的导线、焊盘和过孔，使它们具有电气连接；而铺铜用铜线填充，并可以设置绕过多边形区域内具有电气连接的对象，不改变它们原有的电气特性。另外，直接拖动铺铜就可以调整其放置位置，此时会出现一个 Confirm（确认）对话框，询问是否重建。应该选择 Yes 按钮，要求重建，以避免发生信号短路现象。

7.3.5 放置尺寸标注和坐标

1. 放置尺寸标注

在 PCB 设计中，出于方便印制电路板制造的考虑，通常要标注某些尺寸的大小，如电路板的尺寸、特定元件外形间距等，一般尺寸标注放在机械层或丝印层上。

单击放置工具栏中的 按钮，或执行菜单命令 Place | Dimension，光标变成十字形，移动光标到尺寸的起点，单击鼠标左键；再移动光标到尺寸的终点，再次单击鼠标左键，即完成了两点之间尺寸标注的放置，而两点之间距离由程序自动计算得出，如图 7-36 所示。

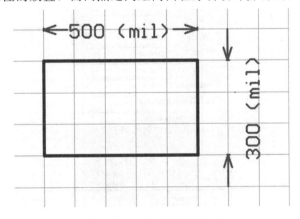

图 7-36 放置尺寸标注

在放置尺寸标注命令状态下按下 Tab 键，或用鼠标左键双击已放置的标注尺寸，在弹出的尺寸标注属性对话框中可以对有关参数进一步设置。

2. 放置坐标

放置坐标的功能是将当前光标所处位置的坐标值放置在工作层上，一般放置在非电气层。

单击放置工具栏中的 按钮，或执行菜单命令 Place | Coordinate，光标变成十字形，且有一个变化的坐标值随光标移动，光标移到放置的位置后单击鼠标左键，完成一次操作，如图 7-37 所示。放置好的坐标左下方有一个十字符号。这时光标仍处于命令状态，可继续放置坐标，单击鼠标右键退出放置状态。

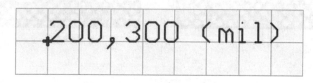

图 7-37　放置坐标

在放置坐标命令状态下按下 Tab 键，或用鼠标左键双击已放置的坐标，在弹出的坐标属性对话框中同样可以对有关参数进一步设置。

7.3.6　放置字符串

在制作电路板时，常需要在电路板上放置一些字符串，说明本电路板的功能、电路设置方法、设计序号和生产时间等。这些字符串可以放置在机械层，也可以放置在丝印层。

单击放置工具栏的 按钮，或执行菜单命令 Place | String，光标变成十字形，且光标带有字符串。此时，按下 Tab 键，将弹出字符串属性设置对话框，如图 7-38 所示。在对话框中可设置字符串的内容（Text）、大小（Hight、Width）、字体（Font，有三种字体）、字符串的旋转角度（Rotation）和是否镜像（Mirror）等参数。设置完毕后，单击 OK 按钮，将光标移到相应的位置，单击鼠标左键确定，完成一次放置操作。

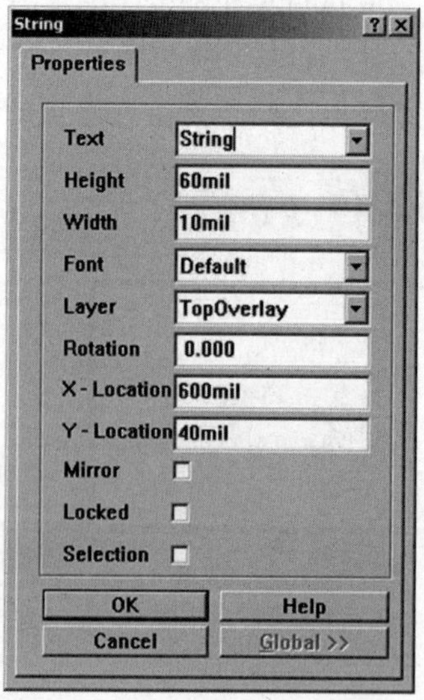

图 7-38　字符串属性设置对话框

此时，光标还处于命令状态，可继续放置或单击右键退出放置状态。

在字符串属性设置对话框中，最重要的属性是 Text，它用来设置在电路板上显示的字符串的内容（仅单行）。可以在框中直接输入要显示的内容，也可以从该下拉列表框选择系统设定好的特殊字符串。

7.3.7   放置圆弧

单击放置工具栏的 ⊙、⊛、⊘、⊘ 按钮，或执行菜单命令 Place | Arc（Edge）、Arc（Center）、Arc（Any Angle）、Full Circle，可以画各种圆弧。

在绘制圆弧状态下，按 Tab 键，或用鼠标左键双击绘制好的圆弧，系统将弹出圆弧属性设置对话框，如图 7-39 所示。设置圆弧的主要参数如下。

Width：设置圆弧的线宽。

Layer：设置圆弧所在层。

Net：设置圆弧所连接的网络。

X-Center 和 Y-Center：设置圆弧的圆心坐标。

Radius：设置圆弧的半径。

Start Angle 和 End Angle：设置圆弧的起始角度和终止角度。

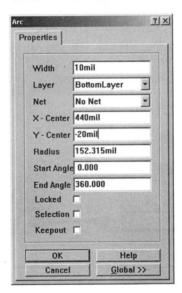

图 7-39   圆弧属性设置对话框

7.3.8   补泪滴操作

为了增强电路板的铜膜导线与焊盘（或过孔）连接的牢固性，避免因钻孔而导致断线，需要将导线与焊盘（或过孔）连接处的导线宽度逐渐加宽，形状就像一个泪滴，所以这样的操作称为补泪滴。补泪滴时要求焊盘要比导线宽大。

选中要设置的焊盘或过孔，或选中导线或网络，执行菜单命令 Tools | eardrops，弹出泪滴属性设置对话框，如图 7-40 所示。

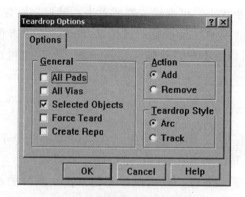

图 7-40 泪滴属性设置对话框

主要设置参数如下。

（1）General 选项区域。

All Pads：该项有效，对符合条件的所有焊盘进行补泪滴操作。

All Vias：该项有效，对符合条件的所有过孔进行补泪滴操作。

Selected Objects Only：该项有效，只对选取的对象进行补泪滴操作。

Force Teardrops：该项有效，将强迫进行补泪滴操作。

Create Report：该项有效，把补泪滴操作数据存成一份 .Rep 报表文件。

（2）Action 选项区域：选中 Add 单选项，将进行补泪滴操作；选中 Remove 单选项，将进行删除泪滴操作。

（3）Teardrop Style 选项区域：选中 Arc 单选项，将用圆弧导线进行补泪滴操作；选中 Track 单选项，将用直线导线进行补泪滴操作。

最后单击 OK 按钮结束。补泪滴后的效果如图 7-41 所示。

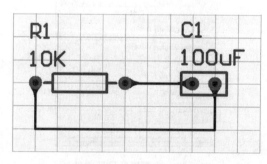

图 7-41 补泪滴后的效果

任务7.4 人 工 布 局

布局实际上就是如何在一块印制电路板上放置元件，布局是否合理，直接关系到布线的效果。Protel 99 SE 提供了自动布局功能，对于比较复杂的电路，虽然自动布局快捷高效，但对于不合理的地方，仍然采用人工方式对布局进行调整。掌握人工布局是设计 PCB 的基础，元件放置完毕，应当从机械结构、散热、电磁干扰及布线的方便性等方面综合考虑元件布局，可以通过移动、旋转等方式调整元件的位置，在布局时除了要考虑元件的位置外，还必须调整好丝印层上文字符号的位置。

7.4.1　移动元件

1. 用鼠标拖动

移动元件有多种方法，比较快捷的方法是直接使用鼠标进行移动，即将光标移到元件上，按住鼠标左键不放，将元件拖动到目标位置。这种方法对没有进行线路连接的元件比较方便。

2. 使用 Move 菜单命令

执行菜单命令 Edit | Move | Component，光标变为十字形，在要移动的元件上单击鼠标左键，元件将随鼠标一起移动，到目标位置再单击鼠标左键确定。

执行菜单命令 Edit | Move | Move，单纯地移动一个元件。使用该命令，只是移动元件本身，而与元件相连的其他对象，如导线等，则原地不动。

3. Drag 菜单命令的设置

执行菜单命令 Edit | Move | Drag，用于拖动元件。对于已连接好印制导线的元件，希望移动元件时印制导线也跟着移动，则必须进行拖动连线的系统参数设置，设置方法如下：执行菜单命令 Tools | Preferences，屏幕弹出系统参数设置对话框，在 Options 选项卡 Component drag 选项区域的 Mode 下拉列表框中选择 Connected Tracks 即可。

4. 在 PCB 中定位元件

在 PCB 较大时，查找元件比较困难，此时可以采用 Jump 命令进行元件跳转。执行菜单命令 Edit | Jump | Component，屏幕弹出一个元件跳转对话框，如图 7-42 所示，在文本框中填入要查找的元件标号，单击 OK 按钮，光标就跳转到指定元件上。

图 7-42　元件跳转对话框

7.4.2　旋转元件

当有些元件的方向需要调整时，要对元件进行旋转操作。使用常用热键进行操作，与电路原理图中的方法一致。将光标移到要旋转的元件上，按住鼠标左键不放，同时按下空格键，或 X 键，或 Y 键，即可旋转被选取元件的方向。使用空格键每次旋转的角度，可以通过执行菜单命令 Tools | Preferences，屏幕弹出系统参数设置对话框，选择 Options 选项卡，在 Other 选项区域 Rotation Step 中设置旋转角度，系统默认为 90°。

7.4.3　排列元件

如同电路原理图编辑器一样，在 PCB 编辑器中，系统也提供了元件的排列对齐功能。可以在如图 7-43 所示的元件位置调整工具栏（Component Placement）中单击相应的图标，或执行 Tools | Interactive Placement 子菜单（如图 7-44 所示）中的命令，来实现元件的排列。

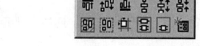

图 7-43　元件位置调整工具栏（Component Placement）

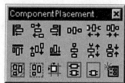

图 7-44　元件排列方式子菜单

元件位置调整工具栏（Component Placement）上各按钮的功能对应于 Tools｜Interactive Placement 子菜单中的各命令。

元件设置调整工具栏的按钮功能如表 7-1 所示。

表 7-1　元件位置调整工具栏（**Component Placement**）的按钮功能

按　钮	功　　能
	（Align Left）：选取元件左对齐
	（Center Horizontal）：选取的元件水平中心线对齐
	（Align Right）：选取的元件右对齐
	（Horizontal Spacing \ Make Equal）：选取的元件水平平铺
	（Horizontal Spacing \ Increase）：选取的元件的水平间距增大
	（Horizontal Spacing \ ）：选取的元件的水平间距减小
	（Align Top）：选取的元件顶部对齐
	（Center Vertical）：选取的元件垂直中心线对齐
	（Align Bottom）：选取的元件底部对齐
	（Vertical Spacing \ Make Equal）：选取的元件垂直平铺
	（Vertical Spacing \ Increase）：选取的元件的垂直间距增大
	（Vertical Spacing \ Decrease）：选取的元件的垂直间距减小
	（Arrange Within Room）：选取的元件在元件屋内部排列
	（Arrange Within Rectangle）：选取的元件在一个矩形内部排列
	（Move To Grid）：选取的元件移到栅格上
	将选择的元件组合
	拆开元件组合
	调用 Align Component 对话框

7.4.4 元件标注调整

元件布局调整后，往往会造成元件标注字符的位置、大小和方向等不合适，虽然不会影响电路的正确性，但影响电路板的美观。所以在布局和布线结束之后，均要对元件的标注字符进行调整。调整的原则是：标注要尽量靠近元件，以指示元件的位置；元件标注一般要求排列整齐，文字方向一致；标注不要放在元件的下面、焊盘和过孔的上面；标注大小要合适。

元件标注的调整采用移动和旋转的方式进行，与元件的操作相似；修改标注内容可直接双击该标注文字，在弹出的对话框中进行修改。

任务 7.5   打印电路板图

印制电路板绘制好后，就可以输出电路板图，输出电路板图可以采用 Gerber 文件、绘图仪或普通打印机。下面介绍采用打印机输出的方法。在打印之前，先要对打印机进行设置，包括打印机的类型、纸张大小、电路图纸的设置等内容，然后再进行打印输出。

7.5.1 打印机的设置

打开 PCB 文件，如 PCB1.PCB，单击主工具栏中的 ⏚ 按钮，或执行菜单命令 File｜Printer/Preview，系统生成 Preview PCB1.PPC 打印预览文件，如图 7-45 所示。

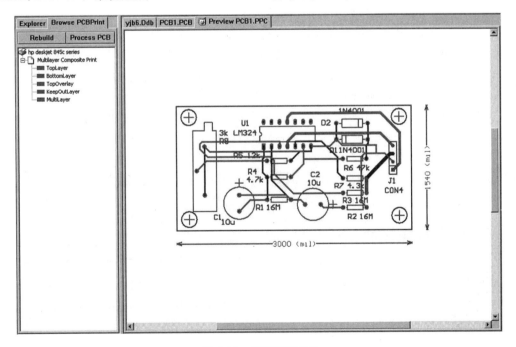

图 7-45   打印预览文件

执行菜单命令 File｜Setup Printer，系统弹出如图 7-46 所示的打印设置对话框。

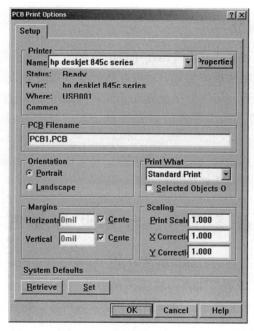

图 7-46   打印设置对话框

设置内容如下。

① 在 Printer 选项区域的 Name 下拉列表框中，可选择打印机的型号。

② 在 PCB Filename 文本框中，显示要打印的 PCB 文件名。

③ 在 Orientation 选项区域可选择打印方向，包括 Portrait（纵向）和 Landscape（横向）。

④ 在 Margins 选项区域，在 Horizontal 文本框可设置水平方向的边距范围，选中 Center 复选框，将以水平居中方式打印；在 Vertical 文本框可设置垂直方向的边距范围，选中 Center 复选框，将以垂直居中方式打印。

⑤ 在 Scaling 选项区域，Print Scale 文本框用于设置打印输出时的放大比例；X Correction 和 Y Correction 两个文本框用于调整打印机在 X 轴和 Y 轴的输出比例。

⑥ 在 Print What 下拉列表框中有三个选项：Standard Print（标准打印）、Whole Board On Page（整块板打印在一张图纸上）、PCB Screen Region（打印电路板屏幕显示区域）。

所有设置完成后，单击 OK 按钮，完成打印机设置。

7.5.2   设置打印模式

Protel 99 SE 提供了一些常用的打印模式。可以从 Tools 菜单项中选取，菜单中各项的功能如下。

（1）Create Final：建立分层打印输出文件，是经常采用的打印模式之一。如图 7-47 所示，图中左侧窗口已经列出了各层打印输出时的名称，选中某层，图中的右侧窗口将显示该层打印的预览图。

（2）Create Component：建立叠层打印输出文件，是经常采用的打印模式之一。如图 7-48 所示，图中左侧窗口已经列出了一起打印输出的各层名称，图中右侧窗口显示了各层叠加在一起的打印预览图。打印机要选用彩色打印机，才能将各层用颜色区分开。

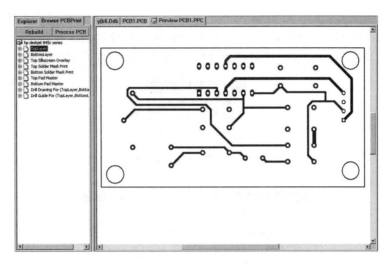

图 7-47   Final 打印模式

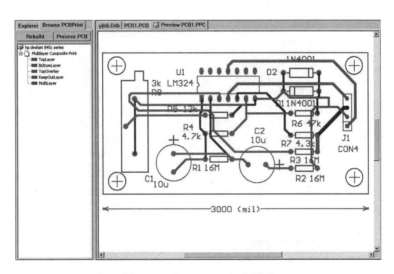

图 7-48   Component 打印模式

（3）Create Power-Plane Set：建立电源/接地层打印输出文件。

（4）Create Mask Set：建立阻焊层与锡膏层打印输出文件。

（5）Create Drill Drawings：建立钻孔图打印输出文件。

（6）Create Assembly Drawings：建立安装图打印输出文件。

（7）Create Composite Drill Guide：建立钻孔指示图打印输出文件。

7.5.3   打印输出层设置

在打印电路板图中，往往需要选择打印输出某些工作层，以便进行设计检查。Protel 99 SE 中可以自行定义打印输出的工作层。在 PCB 打印浏览器中，单击鼠标右键，屏幕弹出如图 7-49 所示的打印层面设置菜单。

选择 Insert Printout 命令，屏幕弹出图 7-50 所示的输出文件设置对话框，其中 Printout

Name 用于设置输出文件名，这里输入 NewTop；Components 用于设置元件的打印层面；在 Options 区域选中 Show Holes，则打印输出中显示焊盘和过孔的插孔；Layers 用于设置输出的工作层，单击 Add 按钮，屏幕弹出图 7-51 所示的对话框，可以设置输出层面。

图 7-49　打印层面设置菜单

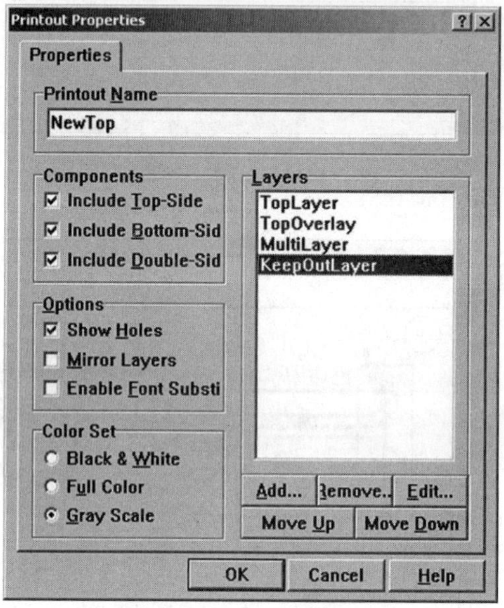

图 7-50　输出文件设置对话框

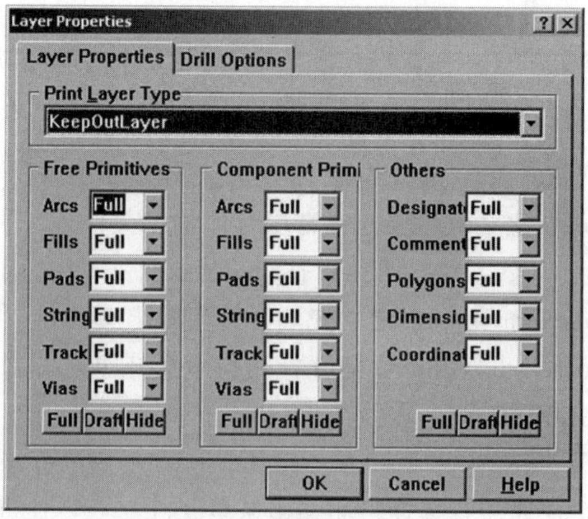

图 7-51　设置输出层面对话框

　　在输出层面设置中可以添加打印输出的层面和各种图件的打印效果，设置完毕单击 OK 按钮，返回图 7-50 所示的界面，单击 OK 按钮结束设置，在 PCB 打印浏览器中产生新的打印预览文件 NewTop，如图 7-52 所示。从图中可以看出新设定的输出层面为 TopLayer、TopOverlay、MultiLayer 和 KeepOutLayer。

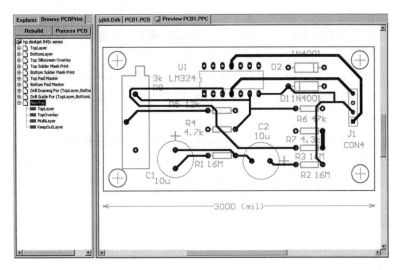

图 7-52　新的打印预览文件 NewTop

选中图 7-52 中的工作层，单击鼠标右键，在弹出的菜单中选择 Insert Print Layer，可直接进入图 7-51 所示的设置输出层面对话框，进行输出层面设置。

选中图 7-52 中的工作层，单击鼠标右键，在弹出的菜单中选择 Delete，可以删除当前输出层面。

选中图 7-52 中的工作层，单击鼠标右键，在弹出的菜单中选择 Properties，可进入图 7-50 所示的输出文件设置对话框，可以修改当前输出层面的设置。

7.5.4　打印输出

设置好打印机，确定打印模式后，就可执行主菜单 File 中的 4 个打印命令，进行打印输出。

（1）执行菜单命令 File | Print All，打印所有的图形。

（2）执行菜单命令 File | Print Job，打印操作对象。

（3）执行菜单命令 File | Print Page，打印指定页面。执行该命令后，系统弹出页码输入对话框，以输入需要打印的页号。

（4）执行菜单命令 File | Print | Current，打印当前页。

项目小结

本项目主要介绍了以下内容。

（1）人工设计 PCB 一般要经过建立 PCB 文件、定义电路图板、加载 PCB 元件库、放置设计对象、人工布局、电路调整和打印电路板等几个步骤。

（2）在 PCB 设计中，首先要定义电路板，即定义印制电路板的工作层和电路板的大小。定义电路板有直接定义电路板和使用向导定义电路板两种方法。定义电路板的大小需要定义电路板的物理边界和电气边界。普通的电路板设计中仅定义电气边界。

（3）放置 PCB 元件时，应先加载 PCB 元件库。常用元件封装库有：PCB Footprint. lib、General IC. lib、International Rectifiers. lib、Miscellaneous. lib、Transistors. lib 等。

（4）人工设计 PCB 时，先要在电路板上放置元件、焊盘、过孔等设计对象，然后根据电路原理图中的电气连接关系进行布线并按需要放置填充块、铺铜、标注文字和进行补泪滴操作等。在放置的同时，进行必要的设计对象的属性设置。

（5）人工布局是从机械结构、散热、电磁干扰及布线的方便性等方面综合考虑出发，对元件进行移动、旋转等方式调整位置，在布局时除了要考虑元件的位置外，还必须调整好丝印层上文字符号的位置。

（6）印制电路板绘制好后，就可以输出电路板图，输出电路板图可以采用 Gerber 文件、绘图仪或普通打印机。建立分层打印输出文件（Create Final）和建立叠层打印输出文件（Create Component），是 PCB 输出经常采用的打印模式。

项目练习

1. 如何使用向导定义电路板？
2. 电路板的物理边界和电气边界有何区别？
3. 加载 Miscellaneous. lib 元件封装库，并从中选择电阻封装（AXIAL-0.4）、二极管封装（DIODE-0.4）、连接器封装（POWER-4 和 SIP-6）、电容封装（RAD-0.1 和 RB.2/.4）、可变电阻封装（VR-5）和石英晶体封装（XTAL-1），把这些封装放置到电路板图上。
4. 加载 PCB Footprint. lib 元件封装库，并从中选择集成电路封装（DIP8 和 LCC16）和三极管封装（TO-92B 和 TO-220），把这些封装放置到电路板图上。
5. 填充块与铺铜有什么区别？铺铜格式有哪几种？
6. 如何进行焊盘和过孔进行补泪滴操作？
7. 根据图 7-53 所示的电原理图，人工绘制一块单层电路板图，PCB 板参考图见图 7-54。该电路元件列表见表 7-2。

设计要求：

（1）直接定义电路板，电路板长 2 180 mil，宽 1 380 mil；

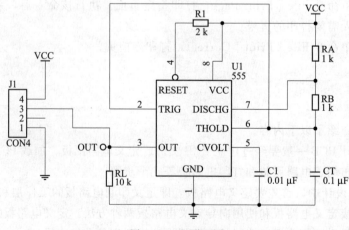

图 7-53　电原理图

（2）一般布线的宽度为 25 mil，电源地线为 50 mil；

（3）单层电路板的顶层为元件面，底层为焊接面，布线在底层；

（4）采用叠层打印（Create Component）的方式输出电路板图。

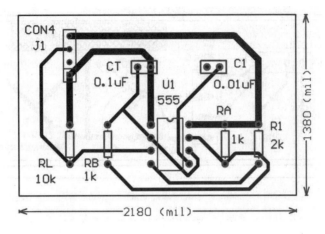

图 7-54　练习 7 的 PCB 板参考图

表 7-2　练习 7 的电路元件列表

说　　明	编　　号	封　　装	元 件 名 称
电阻	RA、RB、RL、R1	AXIAL0.3	RES2
电容	C1、CT	RAD0.1	CAP
时基电路 555	U1	DIP-8	555
连接器	J1	SIP-4	CON4

8. 根据图 7-55 所示的稳压电源电原理图，人工绘制一块双层电路板图，PCB 板参考图见图 7-56。该电路元件列表见表 7-3。

设计要求：

（1）使用向导定义电路板，电路板长 4 100 mil，宽 1 420 mil；

（2）一般布线的宽度为 25 mil，输出端电源地线为 50 mil；

（3）双层电路板的顶层为元件面，底层为焊接面；

（4）布线时考虑顶层和底层都走线，顶层走水平线，底层走垂直线，尽量不用过孔；

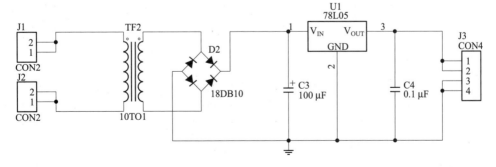

图 7-55　稳压电源电原理图

（5）电路板图中的铺铜在底层，要求铺铜的栅格间距为 40 mil，铺铜的线宽为 10，铺铜的格式采用 45 度格子方式，铺铜环绕焊盘的方式为八边形方式；

（6）采用分层打印（Create Final）的方式输出电路板图。

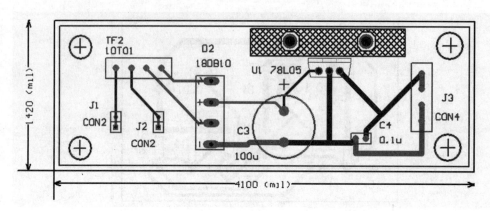

图 7-56 　练习 8 的 PCB 板参考图

表 7-3 　练习 8 的电路元件列表

说　明	编　号	封　装	元　件　名　称
变压器	TF2	FLY-4	10TO1
整流器	D2	D-37	18DB10
电解电容	C3	RB-.3/.6	ELECTRO2
电容	C4	RAD-0.1	CAP
三端稳压器	U1	TO220V	78L05
连接器	J1、J2	SIP-2	CON2
连接器	J3	FLY-4	CON4

项目 8 PCB 封装绘制

任务目标：

- ☑ 掌握新建 PCB 封装库文件
- ☑ 熟悉 PCB 封装库管理器
- ☑ 掌握利用向导创建 PCB 封装
- ☑ 掌握人工绘制 PCB 封装
- ☑ 掌握 PCB 封装引脚焊盘的编辑

PCB 封装，也称为 PCB 元件。在设计印制电路板时需要元件封装，尽管 Protel 99 SE 中提供的元件封装库相当完整，但随着电子技术的发展，不断推出新型的电子元件，元件的封装也在推陈出新，经常会遇到一些 Protel 99 SE 中没有提供的元件封装。对于这种情况，一方面需要设计者对已有的元件封装进行改造，另一方面需要设计者自行创建新的元件封装。

任务 8.1 认识 PCB 封装库管理器

8.1.1 新建 PCB 封装库文件

新建 PCB 封装库文件的方法与新建电原理图元件库的方法相同，只是选择的图标不同。PCB 封装库文件的扩展名是 .LIB。

启动 Protel 99 SE，打开一个设计数据库文件，执行菜单命令 File | New，系统弹出如图 1-14 所示的 New Document 对话框，在该对话框中选择 PCB Library Document（PCB 库文件）图标，单击 OK 按钮，则在该设计数据库中建立了一个默认名为 PCBLIB1. LIB 的文件，此时可更改文件名。

新建 PCB 封装库文件的窗口如图 8-1 所示，双击 PCB 封装库文件 PCBLIB1. LIB，就可以进入图 8-2 所示的 PCB 封装库编辑器主界面。

8.1.2 PCB 封装库管理器

图 8-2 所示的 PCB 封装库编辑器主界面，与电原理图元件库编辑器界面相似，菜单项及主工具栏的按钮也基本一致，也可以通过菜单或按键进行放大屏幕、缩小屏幕的操作。

同样其工作窗口呈现出一个十字线（在不执行任何放大、缩小屏幕操作的情况下），十字线的中心即是坐标原点，通常在坐标原点附近进行元件封装的编辑。

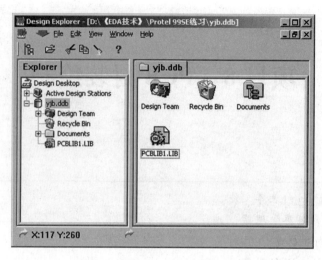

图 8-1　新建 PCB 封装库文件

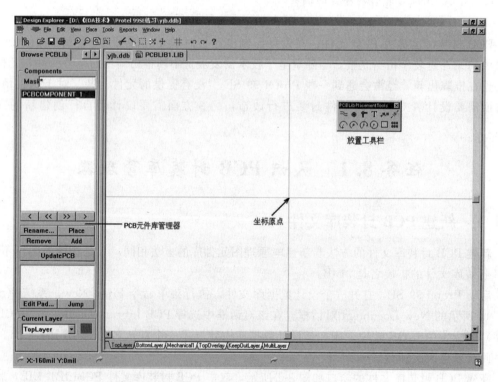

图 8-2　PCB 封装库编辑器主界面

在 PCB 封装库编辑器中也提供一个工具栏，即放置工具栏。通过放置工具栏，可以放置连线、焊盘、过孔、字符串、圆弧、尺寸、坐标和填充块等对象，方便设计者绘制元件封装。

PCB 封装库管理器 Browse PCBLib 选项卡如图 8-3 所示。其功能和使用方法与电原理图元件库管理器 Browse SchLib 选项卡基本相同。

图 8-3　PCB 封装库管理器 Browse PCBLib 选项卡

任务 8.2　PCB 封装绘制

8.2.1　利用向导创建 PCB 封装

Protel 99 SE 提供了 PCB 封装生成向导，采用生成向导绘制的 PCB 封装一般针对符合通用标准的元件封装。下面以绘制 DIP8 的封装来讲解利用向导创建元件封装的操作步骤。

1. 启动 PCB 封装生成向导

在 PCB 封装库编辑器中，执行菜单命令 Tools | New Component，或在 PCB 封装库管理器中单击 Add 按钮，系统弹出如图 8-4 所示的 PCB 封装生成向导。

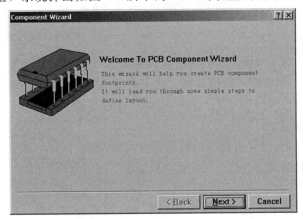

图 8-4　PCB 封装生成向导

2. 选择 PCB 封装样式

单击 Next 按钮，弹出如图 8-5 所示的 PCB 封装样式列表框。系统提供了 12 种 PCB 封装的样式供设计者选择。这 12 种元件封装样式如下：

① Ball Grid Arrays（BGA 球栅阵列封装）；

② Dual in-line Package（DIP 双列直插封装）；

③ Leadless Chip Carrier（LCC 无引线芯片载体封装）；

④ Quad Packs（QUAD 四边引出扁平封装）；

⑤ Small Outline Package（SOP 小尺寸封装）；

⑥ Staggered Pin Grid Array（SPGA－交错引脚网格阵列封装）；

⑦ Diodes（二极管封装）；

⑧ Edge Connectors（边连接器封装）；

⑨ Pin Grid Arrays（PGA－引脚网格阵列封装）；

⑩ Resistors（电阻封装）；

⑪ Staggered Ball Grid Array（SBGA－交错球栅阵列封装）；

⑫ Capacitors（电容封装）。

这里选择 DIP 双列直插封装类型。另外，在对话框右下角还可以选择计量单位，默认为英制。

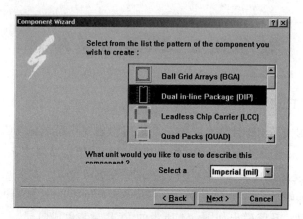

图 8-5　PCB 封装样式列表框

3. 设置焊盘尺寸

单击 Next 按钮，弹出如图 8-6 所示的设置焊盘尺寸的对话框。对需要修改的数值，在数值上单击鼠标左键，然后输入数值即可。这里焊盘直径 X 为 100 mil，Y 为 50 mil，通孔直径为 25 mil。

4. 设置引脚间距

单击 Next 按钮，弹出设置引脚间距的对话框，如图 8-7 所示。对需要修改的数值，在数值上单击鼠标左键，然后输入数值即可。这里设置水平间距为 600 mil，垂直间距为 100 mil。

5. 设置丝印线宽

单击 Next 按钮，弹出设置丝印层元件外形丝印线宽的对话框，如图 8-8 所示。这里设置为 10 mil。

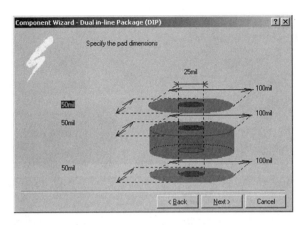

图 8-6　设置焊盘尺寸

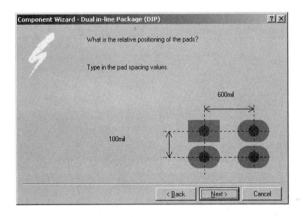

图 8-7　设置引脚间距

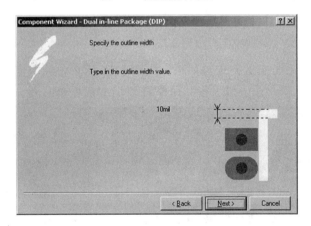

图 8-8　设置丝印线宽

6. 设置元件引脚数量

单击 Next 按钮，弹出设置元件引脚数量的对话框，如图 8-9 所示。这里设置为 8。

7. 设置元件名称

单击 Next 按钮，弹出设置元件名称的对话框，如图 8-10 所示。这里设置为 DIP8。

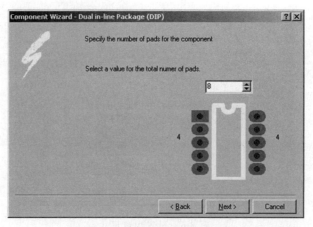

图 8-9   设置元件引脚数量

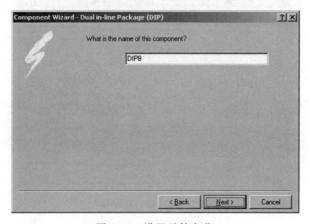

图 8-10   设置元件名称

8. 完成

单击 Next 按钮，系统弹出完成对话框，如图 8-11 所示，单击 Finish 按钮，生成的新 PCB 封装 DIP8 如图 8-12 所示。最后将其保存到 PCB 封装库中。

图 8-11   完成对话框

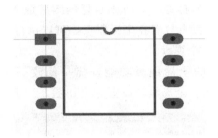

图 8-12　生成的新 PCB 封装 DIP-8

8.2.2　人工绘制 PCB 封装

人工绘制 PCB 封装方式一般用于不规则或不通用的元件封装，就是利用 PCB 封装库的绘图工具，按照元件的实际尺寸画出该元件的封装图形。下面通过创建如图 8-13 所示的继电器封装 RELAY，来讲解人工绘制 PCB 封装的操作步骤。

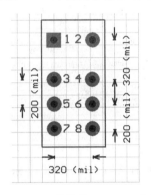

图 8-13　继电器封装 RELAY 示意图

继电器封装 RELAY 的焊盘直径为 120 mil，通孔直径为 60 mil，边框高为 1 020 mil，宽为 520 mil，焊盘号、焊盘之间的间距及焊盘形状如图 8-13 所示。

在绘制新 PCB 封装之前，最好先在 PCB 封装库编辑器中设置一些有关的环境参数，如使用的工作层、计量单位、栅格尺寸、显示颜色等。执行菜单命令 Tools|Library Options 和 Tools|Preferences 即可，具体设置方法请参看任务 6.3 的相关内容，一般采用默认的设置参数。

1. 进入 PCB 封装编辑环境

单击 PCB 封装库管理器中的 Add 按钮，或执行菜单命令 Tools｜New Component，系统弹出 PCB 封装生成向导对话框，如图 8-4 所示，单击 Cancel 按钮，则建立了一个新的 PCB 封装编辑画面，新元件的默认名是 PCBCOMPONENT＿1（注：如果是新建一个 PCB 封装库，系统自动打开一个新的画面，可以省略这一步）。

2. 放置焊盘

执行菜单命令 Place｜Pad，或单击放置工具栏的 ◉ 按钮，移动光标到坐标原点，单击鼠标左键放置第一个焊盘。双击该焊盘，在弹出的焊盘属性设置对话框中，设置 Designator 的值为 1。按照焊盘的间距要求，放置其他 7 个焊盘。

第一个焊盘一定要放置在坐标原点，否则自建的封装放入到 PCB 板中要出错，鼠标点不到该封装；如果第一个焊盘没有放置在坐标原点，可以执行菜单命令 Edit|Set Reference|Pin 1，使坐标原点设置在第一个焊盘。

利用焊盘属性对话框中的全局编辑功能，统一修改焊盘的尺寸。焊盘的直径设为 120 mil，通孔直径设为 60 mil。全局编辑设置方法如图 8-14 所示。

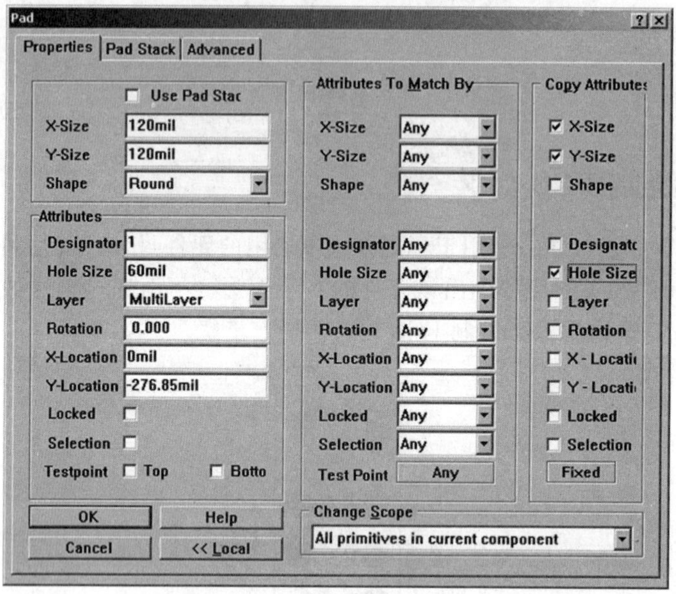

图 8-14　全局编辑设置方法

将焊盘 1 的焊盘形状设置为矩形（Rectangle），以标识它为元件的起始焊盘，完成焊盘放置后的元件封装如图 8-15 所示。

3. 绘制元件外形丝印

将工作层切换为顶层丝印层（TopOverLay），执行菜单命令 Place | Track，或单击置置工具栏的 ≈ 按钮，开始绘制元件外形的边框，边框高为 1 020 mil，宽为 520 mil。

4. 元件的命名与保存

单击 PCB 封装库管理器中的 Rename 按钮，弹出重命名元件对话框，如图 8-16 所示。在对话框中输入新建的继电器封装名称 RELAY，单击 OK 按钮即可。

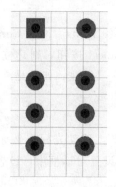

图 8-15　完成焊盘放置后的元件封装

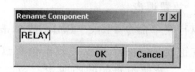

图 8-16　元件重命名对话框

执行菜单命令 File｜Save，或单击主工具栏的 ▣ 按钮，可将新建的继电器封装 RELAY 保存在 PCB 封装库中，在需要的时候可调用该元件封装。

最后完成的继电器封装 RELAY 如图 8-17 所示。

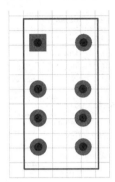

图 8-17 最后完成的继电器封装 RELAY

8.2.3 编辑 PCB 封装引脚焊盘

在 Protel 99 SE 中存在着电原理图元件与 PCB 封装引脚编号不一致的问题，这个问题会使在自动布线时出现该元件不能布线或布线发生错误。解决的办法是，可以在 PCB 封装库编辑器中，修改 PCB 封装的引脚焊盘的编号（Designator），使电原理图元件与 PCB 封装引脚编号一致，也可以在电原理图元件库编辑器中，修改电原理图元件的引脚焊盘的编号。

以二极管为例，其对应的电路电原理图元件与 PCB 元件的引脚编号差异如图 8-18 所示。

图 8-18 二极管的电原理图元件与 PCB 元件的引脚编号差异

在电原理图中元件引脚定义为 1、2，而在元件封装中焊盘定义为 A、K，两者不一致，通过修改二极管的 PCB 封装引脚焊盘的编号，将焊盘 A、K 修改为 1、2，具体操作步骤如下。

（1）启动 Protel 99 SE 后，在＼Program Files＼Design Explorer 99 SE＼Library＼Pcb＼Generic Footprints 路径下打开该二极管封装所在的设计数据库 Advpcb.ddb。

（2）打开该设计数据库后，再打开二极管封装所在的库文件 PCB FootPrints.lib。

（3）在元件库浏览管理器的元件列表框中，找到元件 DIODE0.4，并单击它，使之显示在工作窗口。

也可以在 PCB 编辑器中加载 PCB 封装库文件 PCB FootPrints.lib，在 PCB 管理器的元件列表中选择二极管封装 DIODE0.4，单击 PCB 管理器中的 Edit 按钮，系统自动进入库文件 PCB FootPrints.lib，同时在工作窗口中显示封装 DIODE0.4。

（4）在工作窗口中双击焊盘 A，弹出该焊盘的属性设置对话框，如图 8-19 所示。在 Designator 文本框中将编号 A 改为 1。同理，将编号 K 改为 2。

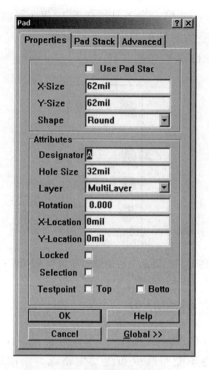

图 8-19　焊盘的属性设置对话框

（5）保存修改后的结果。

项目小结

本项目主要介绍了以下内容。

（1）PCB 封装，也称为元件封装。PCB 封装库编辑器是 Protel 99 SE 中比较重要的编辑器之一，它主要提供对 PCB 封装的编辑和管理工作。

（2）对符合通用标准的元件封装，可采用 Protel 99 SE 提供的 PCB 封装生成向导绘制 PCB 封装。

（3）对不规则或不通用的元件封装，可利用 PCB 封装库的绘图工具，按照元件的实际尺寸，采用人工绘制 PCB 封装方式，画出该元件的封装图形。

（4）通过实例，讲解了电原理图元件与其对应的 PCB 封装的引脚编号不一致问题的解决方法。

项目练习

1. 新建一个名为 FirstPackage 的 PCB 封装库文件。

2. 用 PCB 封装生成向导绘制电阻封装（引脚间距为 400 mil）、二极管封装（引脚间距为 700 mil）和电容封装（引脚间距为 200 mil），焊盘和通孔大小采用系统默认值。

3. 用 PCB 封装生成向导绘制如图 8-20 所示的贴片元件封装 LCC16 和 SOP8，焊盘大小采用系统默认值。

（a）封装 LCC16

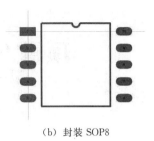

（b）封装 SOP8

图 8-20　贴片元件封装

4. 人工绘制如图 8-21 所示的发光二极管封装 LED，两个焊盘的间距为 180 mil，焊盘的编号为 1、2，焊盘直径为 60 mil，通孔直径为 30 mil。

5. 人工绘制如图 8-22 所示的数码管封装 SHUMAGUAN，焊盘的间距和编号如图所示，焊盘直径 X 为 2.5 mm、Y 为 1.5 mm，通孔直径为 0.6 mm。

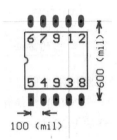

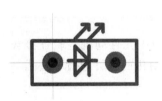

图 8-21　发光二极管封装 LED

图 8-22　数码管封装 SHUMAGUAN

项目 9　PCB 自动布线

任务目标：

- ☑ 掌握 PCB 自动布线技术的步骤
- ☑ 掌握根据电原理图生成网络表
- ☑ 熟悉电路板的定义
- ☑ 掌握加载网络表
- ☑ 熟悉元件的布局
- ☑ 掌握设计规则设置与自动布线
- ☑ 掌握人工调整布线
- ☑ 熟悉 PCB 报表的生成
- ☑ 掌握 PCB 输出的方法

PCB 自动布线技术是通过计算机软件自动将电原理图中元件间的逻辑连接转换为 PCB 铜箔连接的技术。PCB 的自动化设计实际上是一种半自动化的设计过程，还需要人的干预才能设计出合格的 PCB。

电路板自动布线需要将电原理图中的元件封装形式转换为 PCB 软件认识的格式，并且将电原理图中各元件的网络连接转换给 PCB 设计软件，这个中间交换数据的过程通常被称为网络表。根据电原理图生成网络表，再进行电路板的自动布局和自动布线，Protel 99 SE 提供的自动布线技术具有较高的布通率，这才是 Protel 99 SE 的最大特色。

任务 9.1　掌握 PCB 自动布线的步骤

PCB 自动布线技术一般遵循以下步骤。

（1）绘制电原理图。

绘制电原理图的目的是为了设计印制电路板，绘制电原理图时应注意每个元件必须有封装，而且封装的焊盘号与电原理图中元件引脚之间必须有对应关系。

（2）生成网络表。

对电原理图进行电气规则检查（ERC）后，生成网络表。

（3）建立 PCB 文件，定义电路板。

可以用直接定义电路板的方法，也可使用向导定义电路板。同时进行 PCB 设计环境的设置，确定工作层等。

（4）加载 PCB 封装库。

常用 PCB 封装库有：PCB Footprint. lib、General IC. lib、International Rectifiers. lib、Miscellaneous. lib、Transistors. lib 等。

（5）加载网络表。

加载网络表，实际上是将元件封装放入电路板图之中，元件之间的连接关系以网络飞线的形式体现。在加载网络表过程中，注意形成的宏命令是否有错；若有错，则查明原因，返回电原理图并修改电原理图。一般遇到的问题是无元件封装或元件引脚和封装焊盘不对应。

（6）元件的布局。

采用自动布局和人工调整布局相结合的方式，将元件合理地放置在电路板中。在考虑电气性能的前提下，尽量减少网络飞线之间的交叉，以提高布线的布通率。

（7）设计规则设置。

在自动布线前，根据实际需要设置好常用的布线参数，以提高布线的质量。

（8）自动布线。

对某些特殊的连线可以先进行手工预布线，然后进行自动布线。

（9）人工布线调整。

利用 3D 立体图观察电路板，若对元件布置或布线不满意，可以去掉布线，恢复到预拉线状态，重新布置元件后再自动布线。对部分布线可以人工调整与布线。

（10）PCB 电气规则检查及标注文字调整。

对电路板进行电气规则检查后，对丝印层上的标注文字进行调整，然后写上画电路板的日期等文字。

（11）PCB 报表的生成。

生成报表文件的功能可以产生有关设计内容的详细资料，主要包括电路板状态、管脚、元件、网络表、钻孔文件和插件文件等。

（12）PCB 输出。

采用打印机或绘图仪输出电路板图。也可以将所完成的电路板图存盘，或发 E-mail 给电路板制造商生产电路板。

任务 9.2　根据电原理图生成网络表

下面通过由图 9-1 所示的波形发生电路电原理图制作一个双层印刷电路板的过程为例，来介绍 PCB 自动布线技术的操作。波形发生电路元件表见表 9-1。

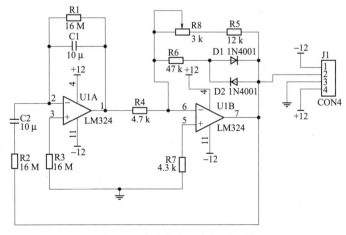

图 9-1　波形发生电路电原理图

表 9-1 波形发生电路元件表

说　明	编　号	封　装	元 件 名 称
电阻	R1、R2、R3、R4 R5、R6、R7	AXIAL0.3	RES2
电容	C1、C2	RB-.2/.4	CAP
电位器	R8	VR2	POT2
连接器	J1	SIP-4	CON4
二极管	D1、D2	DIODE-0.4	1N4001
运放集成电路	U1A、U1B	DIP14	LM324

新建一个设计数据库，命名为 yjb.Ddb。建立名称为 yjb.Sch 的电原理图文件，并根据图 9-1 所示电路来绘制电原理图。在电原理图编辑器下，执行菜单命令 Design | Create Netlist，用来生成网络表文件，系统自动命名为 yjb.net。该部分操作可参见 3.2.2 节网络表的生成内容。

同时在 PCB 编辑器中加载常用 PCB 封装库，如果有自己绘制的封装，则还需要加载该封装所在的新的 PCB 封装库。

任务9.3　定义电路板

在进行电路板的布局和布线之前，除了进行 PCB 设计环境的设置外，还必须确定电路板的工作层，并在相应的工作层确定电路板的物理边界和电气边界。

该电路板采用双层板，一般应确定如下工作层：顶层（TopLayer）、底层（BottomLayer）、机械层 4（Mechanical4）、顶层丝印层（TopOverlay）、禁止布线层（KeepOutLayer）和多层（MultiLayer）。

该电路板的外形尺寸长为 3 100 mil，宽为 1 640 mil。根据 7.1.4 节所介绍的使用向导定义电路板的方法定义该电路板，并把生成的 PCB 文件改名为 yjb.PCB，生成的电路板外形和工作层如图 9-2 所示。

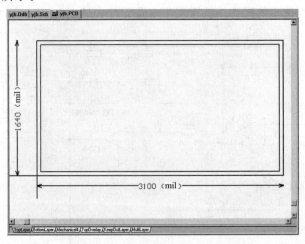

图 9-2　生成的电路板外形和工作层

任务 9.4　加载网络表

网络表是连接电原理图和印制电路板图的桥梁。加载网络表，实际上是将元件封装放入电路板图之中，元件之间的连接关系以网络飞线的形式体现，最终实现电路板中元件的自动放置、自动布局和自动布线。

9.4.1　加载网络表的方法

在 PCB 编辑器中，执行菜单命令 Design | Load Nets，将弹出如图 9-3 所示的加载网络表对话框。

在 Netlist File 文本框下有两个复选框：

Delete components not in netlist 复选项——选中则系统将会在加载网络表之后，与当前电路板中存在的元件作比较，将网络表中没有的而在当前电路板中存在的元件删除掉；

Update footprint 复选项——选中则会自动用网络表内存在的元件封装替换当前电路板上的相同元件的封装。

这两个选项，适合于电原理图修改后的网络表的重新装入。

在 Netlist File 文本框中输入加载的网络表文件名。如果不知道网络表文件的位置，单击 Browse 按钮将弹出如图 9-4 所示的选择网络表文件对话框。

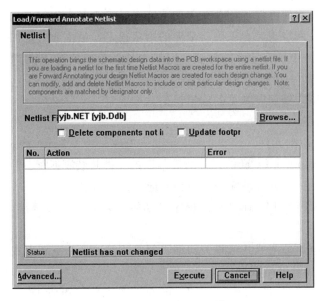

图 9-3　加载网络表对话框

图 9-4　选择网络表文件对话框

在该对话框中，找到网络表所在的设计数据库文件路径和名称，在正确选取 yjb. NET 文件后，单击 OK 按钮，系统开始自动生成网络宏（Netlist Macros），并将其在装入网络表的对话框中列出，如图 9-5 所示。由图可知，装入网络表后共发现 4 个错误，这是由于电原理图元件与 PCB 封装的不匹配所引起的。

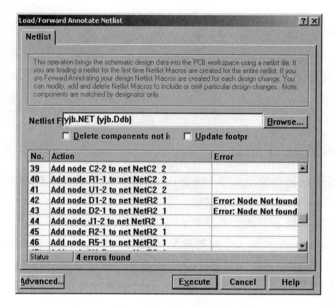

图 9-5 生成的有错误的网络表宏信息

9.4.2 加载网络表出错的修改

一般在进行印制电路板设计之前，要确保电原理图及相关的网络表必须正确，为此要先检查网络表上是否存在错误。确保装载的网络表完全正确所牵涉的因素很多，最主要的是加载后的 PCB 封装库中是否包含了电原理图中所有元件的封装、网络表是否正确及 PCB 封装与元件管脚之间是否匹配。

加载网络表后出现的错误，称为网络宏错误。常见的宏错误信息如下。

① Net not found：找不到对应的网络。

② Component not found：找不到对应的元件。

③ New footprint not matching old footprint：新的元件封装与旧的元件封装不匹配。

④ Footprint not found in Library：在 PCB 封装库中找不到对应元件的封装。

⑤ Warning Alternative footprint xxx used instead of：程序自动使用×××封装替换，可能是不合适的元件封装（警告信息）。

发现错误后，找到错误原因，回到电原理图或其他相关的编辑器修改错误，并重新生成网络表，再切换到 PCB 文件中重新进行加载网络表操作。

本例中，图 9-5 所示的错误是"Error：Node not found"。电原理图中的二极管 Dl 和 D2（1N4001），在电原理图中管脚号定义为 1、2，而在印制电路板中封装 DIODE-0.4 焊盘编号定义为 A、K，两者不匹配，故找不到接点而出错。用 8.2.3 节所介绍的方法，在 PCB 封装库 Miscellaneous. lib 中，把封装 DIODE-0.4 焊盘编号 A、K 改为 1、2，再回到 PCB 文件中重新加载网络表，生成图 9-6 所示的无错误的网络表宏信息。

最后，单击图 9-6 中底部的 Execute 按钮，完成网络表和元件的装入。效果如图 9-7 所示，装入的元件重叠在电路板的电气边界内，元件之间用网络飞线相连。

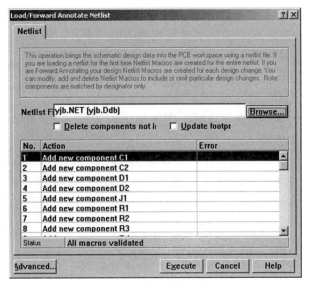

图 9-6　生成的无错误的网络表宏信息

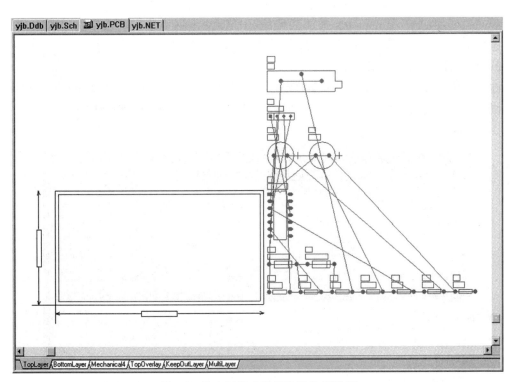

图 9-7　装入网络表和元件后的 PCB 图

任务 9.5　PCB 封装的布局

　　把 PCB 封装装入电路板之后，会发现所有的 PCB 封装重叠在一起，这就需要在所定义的电路板内对 PCB 封装进行合理的布局。在布局过程中，必须考虑导线的布通率、散热、电磁干扰、信号完整性等问题。布局的好坏，会直接影响电路板的布线效果及相应电子设备的工作性能。所以，合理的布局是 PCB 设计成功的第一步。一般 PCB 封装的布局采用自动布局和人工调整相结合的方法。

9.5.1 PCB 封装布局参数的设置

在进行 PCB 封装的布局之前，先对一些与 PCB 封装布局有关的参数作以下调整。

1. PCB 封装布局的栅格

执行菜单命令 Design | Options，在弹出的 Document Options 对话框（见图 6-8）Options 选项卡中，分别对捕获栅格在 X 和 Y 方向的间距进行设置。捕获栅格间距的大小与电路板上 PCB 封装排列的疏密程度有关，栅格间距越小，PCB 封装排列越密集，捕获栅格的尺寸也非越小越好，以够用为度。这里采用默认值 20 mil。

2. 字符串显示临界值

在 PCB 设计中，当缩小显示电路时字符串经常会变为一个矩形轮廓，这样不利于 PCB 封装的识别。此时需要减小字符串显示临界值参数，以保证字符串以文本形式显示。

执行菜单命令 Tools | Preferences，在弹出的 Preferences 对话框中单击 Display 选项卡（见图 6-10），在 Draft thresholds 选项区域的 String 文本框中输入构成字符串像素的临界值。这里设置 String 值为 4 pixels。

3. PCB 封装布局参数设置

在 PCB 编辑器下，执行菜单命令 Design | Ruler，将弹出如图 9-8 所示的 Design Rules（设计规则）对话框。单击 Placement 选项卡，可对 PCB 封装布局设计规则进行设置，它只适合于 Cluster Placer（群集式布局）自动布局方式。

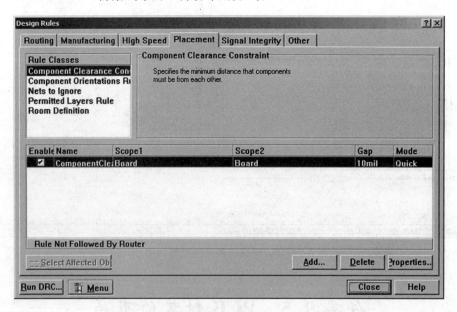

图 9-8　Design Rules 对话框中的 Placement 选项卡

主要参数设置如下。

Component Clearance Constraint：设置 PCB 封装之间的最小间距。

Component Orientations Rule：设置布置 PCB 封装时的放置角度。

Net to Ignore：设置在利用 Cluster Placer（群集式布局）方式进行自动布局时，应该忽略哪些网络走线造成的影响，这样可以提高自动布局的速度与质量。

Permitted Layers Rule：设置允许 PCB 封装放置的电路板层。

Room Definition：设置定义房间的规则，所谓定义房间就是指在对 PCB 电路布线过程中，可以将元件、元件类或元件封装定义为一个房间，从而将房间内的内容作为一个整体进行移动或者锁定。

由于 Protel 99 SE 的自动布局效果较差，因为计算机的智能还不知道怎样排列 PCB 封装才能满足要求，一般只能将 PCB 封装散开排列，大部分需要人工调整 PCB 封装布局，所以不需要详细设置布线参数，一般选择默认即可。

9.5.2　PCB 封装自动布局

在进行自动布局前，必须在 KeepOutLayer 上先定义电路板的电气边界，且将当前坐标原点恢复为绝对原点，再加载网络表，否则屏幕会提示错误信息。

执行菜单命令 Tools | Auto Placement | Auto Placer，屏幕弹出如图 9-9 所示的自动布局对话框。对话框中显示了两种自动布局方式，每种方式所使用的计算和优化 PCB 封装位置的方法不同，介绍如下。

（1）Cluster Placer：群集式布局方式。

根据 PCB 封装的连通性将 PCB 封装分组，然后使其按照一定的几何位置布局。在9.5.1 节介绍的自动布局的规则就是为该方式设置的。这种布局方式适合于 PCB 封装数量较少（小于 100）的电路板设计。其设置对话框如图 9-9 所示，在下方有一个 Quick Component Placement 复选框，选中它，布局速度较快，但不能得到最佳布局效果。

（2）Statistical Placer：统计式布局方式。

使用统计算法，遵循连线最短原则来布局 PCB 封装，无须另外设置布局规则。这种布局方式最适合 PCB 封装数目超过 100 的电路板设计。如选择此布局方式，将弹出如图 9-10 所示的对话框。

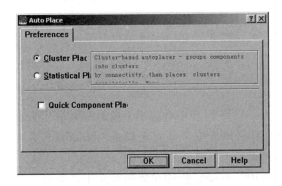
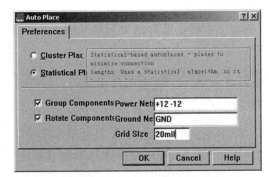

　　　　　图 9-9　自动布局对话框　　　　　　　图 9-10　统计式布局方式的自动布局对话框

对话框中的各选项含义介绍如下。

Group Components 复选框：将当前网络中连接密切的 PCB 封装合为一组，布局时作为一个整体来考虑。建议如果电路板上没有足够的面积，就不要选取该项。

Rotate Components 复选框：根据布局的需要将 PCB 封装旋转。

Power Nets 文本框：在该文本框输入的网络名将不被列入布局策略的考虑范围，这样可以缩短自动布局的时间，电源网络就属于此种网络。在此输入电源网络名称，若有多个电源，可用空格隔开，如：＋12－12。

Ground Nets 文本框：其含义同 Power Nets 文本框。在此输入接地网络名称 GND。

Grid Size 文本框：设置自动布局时的栅格间距。默认为 20 mil。

采用统计式布局方式不是直接在 PCB 文件上运行，而是打开一个如图 9-11 所示的临时布局窗口（生成一个 Place1.Plc 的文件）。当出现一个标有 Auto-Place is Finished 的信息框时，单击 OK 按钮，将出现如图 9-12 所示的 Design Explorer 对话框，提示是否将自动布局的结果更新到 PCB 文件中。单击 Yes 按钮，更新后系统返回到 PCB 文件窗口。

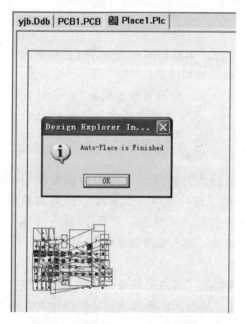

图 9-11　统计式布局方式完成后的临时布局窗口

图 9-12　Design Explorer 对话框

对于本例，因为 PCB 封装较少，故选择群集式 PCB 布局方式。自动布局后的 PCB 图如图 9-13 所示。

9.5.3　人工调整布局

在图 9-13 所示的自动布局后形成的 PCB 图中，PCB 封装在电路板上的布局并非十分合理，PCB 封装的标注字符显得杂乱不美观，所以要采用人工方法对布局进一步调整。人工调整布局包括对 PCB 封装和 PCB 封装标注字符的调整。

对 PCB 封装的调整主要是对 PCB 封装进行选中、移动、旋转和排列等操作，而对 PCB 封装标注字符的调整是对标注字符进行移动、旋转等操作，具体操作详见任务 7.4 的内容。下面重点讲解对 PCB 封装的剪切、复制、粘贴和删除操作。

1. PCB 封装的剪切、复制、粘贴

（1）PCB 封装的剪切。先选中 PCB 封装，然后执行菜单命令 Edit | Cut，或单击主工具

栏的 ✂ 按钮，光标变成十字形，再用十字形光标单击选中的 PCB 封装，则将选中的 PCB 封装直接移入到剪贴板中，同时电原理图上所选的 PCB 封装也被删除。

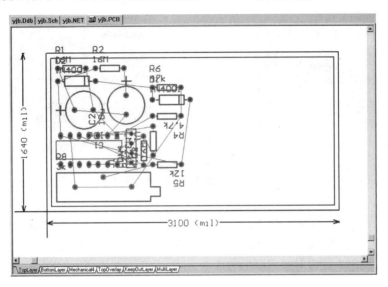

图 9-13　自动布局后的 PCB 图

　　（2）PCB 封装的复制。先选中 PCB 封装，然后执行菜单命令 Edit｜Copy，光标变成十字形，再用十字形光标单击选中的 PCB 封装，则将选中的 PCB 封装复制一份，放入剪贴板中。

　　（3）PCB 封装的粘贴。执行菜单命令 Edit｜Paste，或单击主工具栏的 ↘ 按钮，则将剪贴板中的内容作为副本复制到电路板图中。

2. PCB 封装的特殊粘贴

　　特殊粘贴操作可以将剪贴板中的内容按照设定好的方式放置到电路板中，可以利用这种功能来自动地放置具有重复性的 PCB 封装。

　　特殊粘贴的操作步骤如下。

　　（1）利用剪切或复制功能将需粘贴的对象放置到剪贴板中，执行菜单命令 Edit｜Paster Special，启动特殊粘贴，屏幕将弹出如图 9-14 所示的对话框。

　　特殊粘贴所列粘贴方式有下列几种。

　　Paste on current：将对象粘贴在当前的工作层。

　　Keep net name：将保持对象所属的网络名称。

　　Duplicate designator：粘贴的对象与原来的对象具有相同的标号。

　　Add to component class：粘贴的对象与原来的对象属于相同的 PCB 封装组。

　　（2）当设置了粘贴方式后，就可以单击 Paste 按钮，执行一般的粘贴操作，直接将对象粘贴到目标位置。如果单击 Paste Array 按钮，执行阵列式粘贴操作，屏幕将弹出如图 9-15 所示的阵列式粘贴设置对话框。阵列式粘贴的功能与 Placement Tools 工具栏的 ⊞ 按钮的功能相同，对话框中各个选项的功能如下。

　　Placement Varaibles 选项区域：其中 Item Count 框用于设置重复粘贴的次数；Text Increment 框用于设置所要粘贴的 PCB 封装标号的增量值。

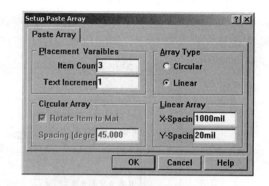

图 9-14　特殊粘贴对话框　　　　　　图 9-15　阵列式粘贴设置对话框

Array Type 选项区域：用来设置阵列粘贴类型。Circular 选项为圆形放置；Linear 选项为线形放置。

Circular Array 选项区域：在选取了 Circular 选项时有效，用于设置圆形放置时各对象间隔的角度。其中选取 Rotate Item to Match 复选框时，表示要适当旋转对象；Spacing（degrees）文本框用来设置对象间隔的角度。

Linear Array 选项区域：在选取了 Linear 选项时有效，用于设置线形放置对象时各个对象的间隔。其中 X-Spacing 文本框用来设置 X 方向的间隔；Y-Spacing 文本框用来设置 Y 方向的间隔。

3. 对象的删除

（1）使用 Clear 命令删除。

先选中要删除的对象，如导线、PCB 封装、焊盘、字符串和过孔等，执行菜单命令 Edit | Clear 则被选中的对象立即被删除。

（2）使用 Delete 命令删除。

与 Clear 命令不同的是，在执行 Delete 命令之前不需要选中对象。首先执行菜单命令 Edit | Delete，光标变成十字形，将光标移到所要删除的对象上，单击鼠标左键即可。

4. 导线删除的几种方法

（1）导线段的删除。

执行菜单命令 Edit | Delete，光标变成十字形，将光标移到要删除的导线上，如果导线在当前层上，光标上会出现小圆圈；如果导线不在当前层，将光标移到导线的中间（这时光标无变化，下同），然后单击鼠标左键即可。

（2）两焊盘之间的导线的删除。

执行菜单命令 Edit | Select | Physical Connection，光标变成十字形，移到要删除的导线上单击鼠标左键，选取两焊盘之间的导线再单击鼠标右键，光标恢复原形。此时，按下 Ctrl＋Del 键，两焊盘之间的导线被删除。

（3）删除相连接的导线。

执行菜单命令 Edit | Select | Connected Copper，光标变成十字形，移到要删除的导线上单击鼠标左键，你会发现，与该导线有连接关系的所有导线均被选取，再单击鼠标右键，光标恢复原形。然后按下 Ctrl＋Del 键，完成导线删除。

（4）删除同一网络上的所有导线。

执行菜单命令 Edit｜Select｜Net，光标变成十字形，将光标移到被删除网络上的任意一条导线段上单击鼠标左键，则该网络上的导线均被选取，再单击鼠标右键，光标恢复原形。然后按下 Ctrl＋Del 键，即可删除该网络上所有的导线。

在本例中，经人工调整布局后的电路板如图 9-16 所示。

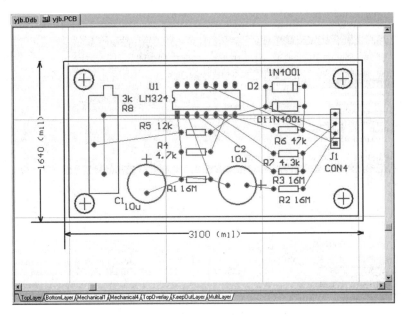

图 9-16　人工调整布局后的电路板

任务 9.6　设计规则设置与自动布线

完成 PCB 封装的布局工作后，就可以进入布线操作了。在电原理图复杂的情况下，如果使用人工布线，不仅效率很低，难度也很大，这时可以充分利用 Protel 99 SE 强大的自动布线功能，快速有效地完成布线工作。

自动布线是指系统根据设计者设定的布线规则，依照网络表中的各个 PCB 封装之间的连线关系，按照一定的算法自动地在各个 PCB 封装之间进行布线。Protel 99 SE 的自动布线功能可以自动分析当前的 PCB 文件，并选择最佳布线方式，但对于自动布线不合理的地方，仍需进行人工调整。

9.6.1　设计规则设置

在自动布线之前，设置布线的规则也是十分必要的。设计规则制定后，程序自动监视 PCB 设计，检查 PCB 中的图件是否符合设计规则，若违反了设计规则，将以高亮显示错误内容。

在 PCB 编辑器中，执行菜单命令 Design｜Rules，将弹出如图 9-17 所示的 Design Rules（设计规则）对话框。在对话框中列出了六大类设计规则，分别为设定与布线、制造、高速线路、PCB 封装自动布置、信号分析及其他方面有关的设计规则，与自动布线有关的规则主要在 Routing 选项卡中。在一般情况下，使用系统提供的自动布线规则的默认值就可以获得比较满意的自动布线效果。

图 9-17 选中的是有关布线的设计规则（Routing）选项卡，在此选项卡中，左上角的 Rule Classes 列表框中列出了有关布线的 10 个设计规则，右上方区域是在 Rule Classes 列表框中所选取的设计规则的说明，下方是在 Rule Classes 列表框中所选取的设计规则的具体内容。下面介绍常用的布线设计规则。

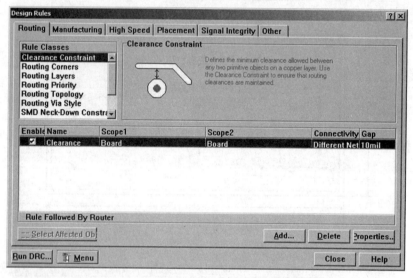

图 9-17 Design Rules（设计规则）对话框

1. 设置安全间距（Clearance Constraint）

安全间距用于设置同一个工作层上的导线、焊盘、过孔等电气对象之间的最小间距。在图 9-17 中选中 Clearance Constraint，进入安全间距设置。在设计规则对话框右下角有三个按钮。

（1）Add 按钮。

该按钮用于添加新的规则。单击后出现图 9-18 所示的安全间距设置对话框，设置内容包括两部分。

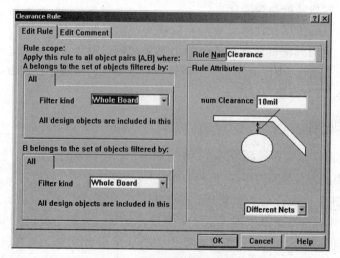

图 9-18 安全间距设置对话框

Rule scope（规则的适用范围）：其中共有两个 Filter kind 下拉列表框，分别用于选择需设置安全间距的 A、B 两个图件，每个 Filter kind 下拉列表框都可用于选择需要设置的焊盘（Pad）、连线（From-To）、连线类型（From-Toclass）、网络（Net）、网络类型（Net Class）、PCB 封装（Component）、PCB 封装类型（Component Class）、各种图件（Object Kind）、信号层（Layer）及全板（Whole Board）等项目。一般情况下，指定该规则适用于整个电路板（Whole Board）。

Rule Attributes（规则属性）：用来设置最小间距的数值（如 10 mil）及其所适用的网络，包括 Different Nets Only（仅不同网络）、Same Net Only（仅同一网络）和 Any Net（任何网络）。

本例子采用的安全间距为 10 mil，该规则适用于整个电路板。

设置完毕，在图 9-18 所示对话框中单击 OK 按钮，完成安全间距设计规则的设置。设置好的内容将出现在设计规则对话框下方的具体内容一栏中。

（2）Delete 按钮。

在图 9-17 所示的设计规则对话框下方设计内容一栏中，单击鼠标左键选中要删除的规则，单击 Delete 按钮即可删除选中的规则。

（3）Properties 按钮。

在图 9-17 所示的设计规则对话框下方设计内容一栏中，用鼠标左键选中一项规则，单击 Properties 按钮将出现图 9-18 所示的对话框，在对话框中修改参数后，再单击 OK 按钮，修改后的内容会出现在具体内容栏中。

2. 设置布线的拐角模式（Routing Corners）

该项规则主要用于设置布线时拐角的形状及拐角走线垂直距离的最小和最大值。在如图 9-19 所示的布线拐角模式设置对话框中，在 Style 下拉列表框中有 3 种拐角模式可选，即 45 Degrees（45°角）、90 Degrees（90°角）和 Round（圆角）。系统中已经使用一条默认的规则，名称为 RoutingCorners，适用于整个电路板，采用 45°拐角，拐角走线的垂直距离为 100 mil。本例子采用该默认规则。

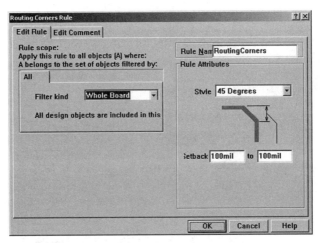

图 9-19　布线拐角模式设置对话框

3. 设置布线工作层（Routing Layers）

该项规则用于规定自动布线时所使用的工作层，以及布线时各层上印制导线的走向。在如图 9-20 所示的布线工作层设置对话框中，右侧的列表框列出了 32 个信号层。在前面已经设置了顶层和底层两个工作层为布线层，所以在图中只有顶层和底层有效，其他层为灰色无效。各个层右边的下拉列表框中列出了布线方向，包括 Horizontal（水平方向）、Vertical（垂直方向）、Any（任意方向）、Not Used（不使用）等共 10 种。

布线时应根据实际要求设置工作层。例如，采用单面布线时，设置 BottomLayer 为 Any（任意方向），设置 TopLayer 为 Not Used（不使用）；采用双面布线时，设置 TopLayer 为 Horizontal（水平方向），设置 BottomLayer 为 Vertical（垂直方向）。

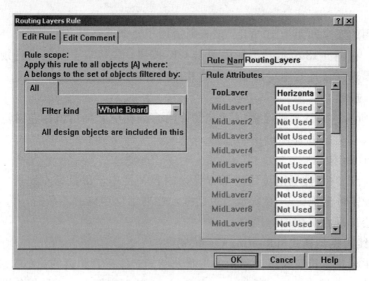

图 9-20　布线工作层设置对话框

本例子中采用双层板布线，顶层为水平方向布线，底层为垂直方向布线；同时要求地线 GND 在底层布线，设置 TopLayer 为 Not Used（不使用），设置 BottomLayer 为 Any（任意方向），如图 9-21 所示。布线工作层设置完成后对话框如图 9-22 所示。

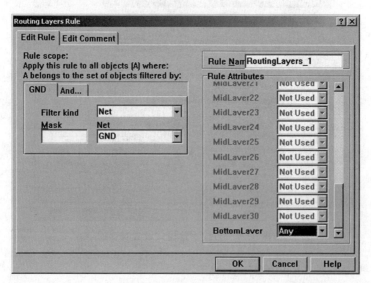

图 9-21　地线 GND 布线工作层设置举例

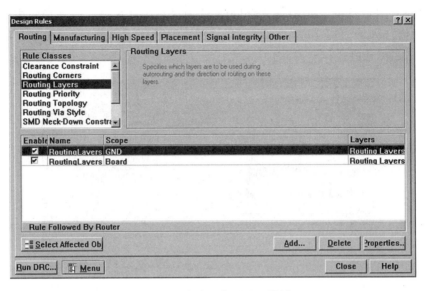

图 9-22　布线工作层设置举例

4. 设置布线的拓扑结构（Routing Topology）

该项规则用于设置布线的拓扑结构。拓扑结构是指以焊盘为点，以连接各焊盘的导线为线，则点和线构成的几何图形称为拓扑结构。在 PCB 中，PCB 封装焊盘之间的飞线连接方式称为布线的拓扑结构。在如图 9-23 所示的布线拓扑结构设置对话框中，在 Routing Attribute 下拉列表框中有 7 种拓扑结构可供选择，如 Shortest（最短连线）、Horizontal（水平连线）、Vertical（垂直连线）等。系统默认的拓扑结构为 Shortest。

本例子采用 Shortest（最短连线）拓扑结构。

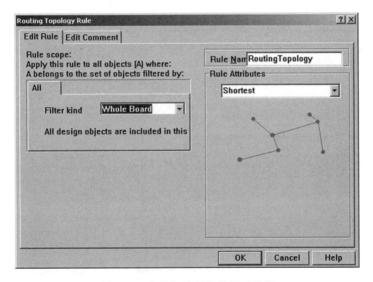

图 9-23　布线拓扑结构设置对话框

5. 设置过孔类型（Routing Via Style）

该项规则用于设置过孔的外径（Diameter）和内径（Hole Size）的尺寸。在如图 9-24 所示的过孔类型设置对话框中，在 Rule Attributes 选项区域，设置过孔的外径和内径的最小值（Min）、最大值（Max）和首选值（Preferred）。首选值用于自动布线和手工布线过程。

本例子采用默认值。

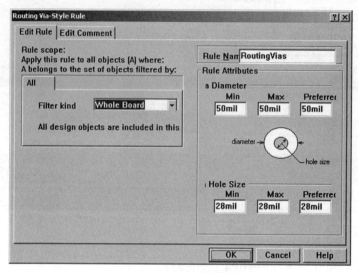

图 9-24　过孔类型设置对话框

6. 设置布线宽度（Width Constraint）

该项规则用于设置布线时的导线宽度。在如图 9-25 所示的布线宽度设置对话框的 Rule Attributes 选项区域中，设置布线宽度的最小值（Minimum Width）、最大值（Maximum Width）和首选值（Preferred Width）。首选值用于自动布线和手工布线过程。在 PCB 设计中可以针对不同的网络设定不同的线宽规则，对于电源和地线设置的线宽一般较粗。

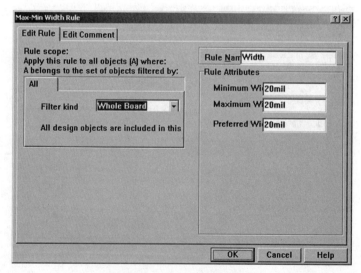

图 9-25　布线宽度设置对话框

本例子中电源线＋12 和－12 均设置为 30 mil，地线 GND 设置为 40 mil，其他信号线设置为 20 mil。地线 GND 设置如图 9-26 所示，布线宽度设置完成后对话框如图 9-27 所示。

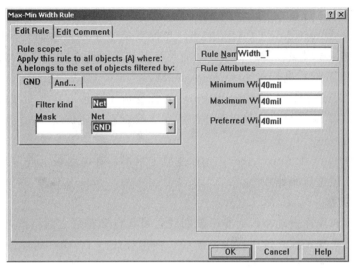

图 9-26　地线 GND 设置举例

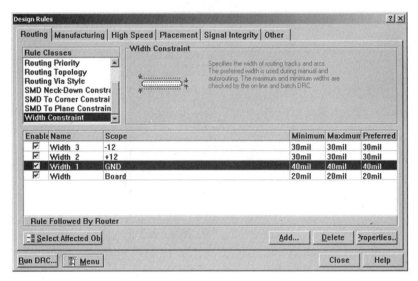

图 9-27　布线宽度设置举例

9.6.2　自动布线前的预布线

1. 预布线

自动布线是按照一定规则由系统自动进行，所布导线的位置、走向不由人的意愿决定。对有些 PCB 封装或网络的走线，设计者如果要按照自己的要求去布线，可在自动布线之前提前布线，称之为预布线，然后运行自动布线完成余下的布线工作。

预布线可以通过执行菜单 Auto Route 下的命令自动实现，也可以采用人工布线。

（1）对选定网络进行布线（Net）。

执行菜单命令 Auto Route | Net，光标变成十字形。移动光标到某网络的一条飞线上，单击鼠标左键，对这条飞线所在的网络进行布线。

（2）对选定飞线进行布线（Connection）。

执行菜单命令 Auto Route | Connection，光标变成十字形，移动光标到要布线的飞线上，单击鼠标左键，仅对该飞线进行布线，而不是对该飞线所在的网络布线。

（3）对选定 PCB 封装进行布线（Component）。

执行菜单命令 Auto Route | Component，光标变成十字形，在要布线的 PCB 封装上单击鼠标左键，则与该 PCB 封装的焊盘相连的所有飞线就被自动布线。

（4）对选定区域进行布线（Area）。

执行菜单命令 Auto Route | Area，光标变成十字形，在电路板上选定一个矩形区域后，系统自动对这个区域进行布线。

2. 预布线的锁定

为防止这些预布线在自动布线时被重新布线，可在自动布线之前将预布线锁定。

如果要锁定某条预布线，可以双击该导线，弹出导线（Track）属性设置对话框，选中 Locked 复选框，锁定该段导线，如图 9-28 所示。

图 9-28　锁定预布线的设置

由于一条导线由若干段构成，必须保证每一段导线都锁定才能保护预布线，所以使用这种方法较烦琐。在下面介绍的自动布线中，可以在自动布线器选项中设置锁定所有预布线功能。

9.6.3　运行自动布线

1. 自动布线器设置

设置好布线规则后，就可运行自动布线了。在 PCB 编辑器中，执行菜单命令 Auto Route | All，可对整个电路板进行自动布线，屏幕弹出如图 9-29 所示的自动布线器设置对话框。执行菜单命令 Auto Route | Setup，同样也会弹出自动布线器设置对话框。

从图 9-29 可以看出，仅有三个复选框没被选中。通常，不用过多了解图中各个选项的功能，采用对话框中的默认设置就可实现自动布线。下面对三个没被选取的复选框功能作简要说明。

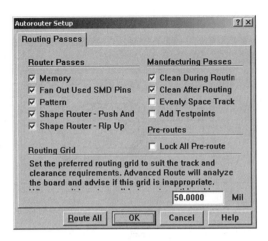

图 9-29 自动布线器设置对话框

Evenly Space Tracks：选中该复选框，则当集成电路的焊盘间仅有一条走线通过时，该走线将由焊盘间距的中间通过。

Add Testpoints：选中该复选框，将为电路板的每条网络线都加入一个测试点。

Lock All Pre-route：选中该复选框，在自动布线时可以保留所有的预布线。

2. 运行自动布线

布线规则和自动布线器各种参数设置完毕，单击 Route All 按钮，系统开始对电路板进行自动布线。在自动布线过程中，单击主菜单中的 Route All，在弹出的菜单中执行以下命令，可以控制自动布线进程。

Stop：停止自动布线过程。执行该命令后，中断自动布线，弹出布线信息框，提示目前布线状况，同时保留已经完成的布线。

Reset：对电路重新布线。

Pause：暂停自动布线过程。

Restart：重新开始自动布线过程。与 Pause 命令相配合。

对于比较简单的电路，自动布线的布通率可达 100%。如果布通率没有达到 100%，设计者一定要分析原因，拆除所有布线，并进一步调整布局，再重新自动布线，最终使布通率达到 100%。如果仅有少数几条线没有布通，也可以采用放置导线命令，进行手工布线。

在本例中，没有进行预布线，设置完毕后，单击 Route All 按钮，系统开始对电路板进行自动布线。布线结束后，弹出一个自动布线信息对话框，如图 9-30 所示，显示布线情况，包括布通率、完成的布线条数、没有完成的布线条数和花费的布线时间。

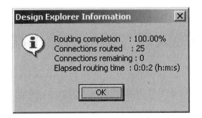

图 9-30 自动布线信息对话框

采用全局布线后的布线效果如图 9-31 所示。

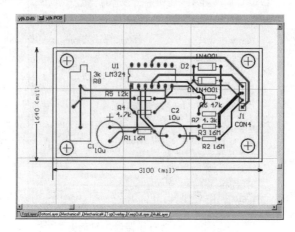

图 9-31　对电路板全局布线的效果图

任务 9.7　人工调整布线

虽然 Protel 99 SE 自动布线的布通率很高，但有些地方的布线仍不能使人满意，需要人工进行调整。一块成功的电路板，其设计往往是在自动布线的基础上，经过多次修改，才能达到令人满意的效果。

9.7.1　布线调整

对自动布线的结果如果不太满意，可以拆除以前的布线。Protel 99 SE 中提供自动拆线功能，当设计者对自动布线的结果不满意时，可以用该工具拆除电路板图上的铜膜线而剩下网络飞线，将布线后的电路恢复为布局图，这样便于用户进行调整，它是自动布线的逆过程。

自动拆线的菜单命令在 Tools | Un-Route 的子菜单中，分别为：

① Tools | Un-Route | All（拆除所有布线）；

② Tools | Un-Route | Net（拆除指定网络的布线）；

③ Tools | Un-Route | Connection（拆除指定连线的布线）；

④ Tools | Un-Route | Component（拆除指定 PCB 封装的布线）。

其操作对象的含义与自动布线的对象一致。导线拆除后，可以采用人工布线的方法重新布线。

9.7.2　添加电源/地的输入端与信号的输出端

有的电路板需要用导线从外边接入电源，同时用导线向外边输出信号，这些事情是自动布线无法完成的。在 PCB 设计中，自动布线结束后，一般要给信号的输入、输出和电源/地端添加焊盘，以保证电路的连接和完整性。

下面以本例子的 PCB 板为例介绍添加焊盘的具体步骤。

（1）在图 9-31 所示的电路板中，添加接地端焊盘，将工作层设置为 BottomLayer。

（2）执行菜单命令 Place | Pad，将光标移动到合适的位置放置焊盘，如图 9-32 所示。

（3）双击刚放置的焊盘，弹出如图 9-33 所示的焊盘属性对话框，选择 Advanced 选项卡，在 Net 下拉列表框中选中所需的网络（GND），单击 OK 按钮，将该焊盘的网络属性设置为 GND。此时该焊盘上出现网络飞线，连接到 GND 网络。如果焊盘直接放置在已布设的铜箔线上，则焊盘的网络将自动设置。

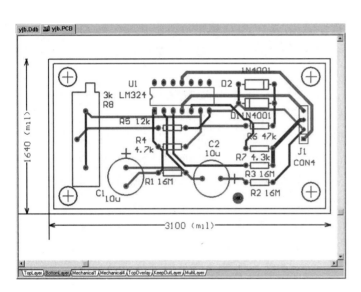

图 9-32 添加接地端焊盘

图 9-33 焊盘属性对话框

（4）执行菜单命令 Place | Line，将焊盘连接到网络 GND 上，如图 9-34 所示。

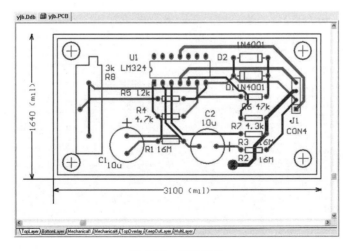

图 9-34 连接焊盘

（5）用同样的方法连接其他焊盘。

9.7.3　加宽电源线和接地线

在 PCB 设计过程中，往往需要将电源线、接地线和通过电流较大的导线加宽，以提高电路的抗干扰能力。有两种导线加宽的方法。

1. 自动布线时加宽

这种方法在第 9.6.1 节的设置布线宽度（Width Constraint）中已介绍，可参阅上述内容。

2. 采用全局编辑功能加宽导线

本例子中设置自动布线规则时，所有网络的走线线宽都为 10 mil。现在需将电源＋12 和－12 均设置为 30 mil，地线 GND 设置为 40 mil，具体操作步骤如下。

（1）将光标移到要加宽的导线上（如地线 GND），双击鼠标左键，将弹出 Track 属性设置对话框。

（2）在 Track 属性设置对话框中，单击右下方的 Global≫按钮，在原对话框基础上，可以看到拓展后的对话框增加了三个选项区域，如图 9-35 所示，其功能如下。

Attributes To Match By 选项区域：主要设置匹配的条件。各下拉列表框都对应某一个对象和匹配条件。对象包括导线宽度（Width）、层（Layer）、网络（Net）等。对象匹配的条件有 Same（完全匹配才列入搜索条件）、Different（不一致才列入搜索条件）和 Any（无论什么情况都列入搜索条件）共三个选项。

Copy Attributes 选项区域：主要负责选取各属性复选框要复制或替代的选项。

Change Scope 选项区域：主要设置搜索和替换操作的范围。选取 All Primitive 选项，要更新所有的导线；选取 All Free Primitive 选项，指对自由对象进行更新；选取 Include Arcs 选项，指将圆弧视为导线。

（3）在图 9-35 所示的全局编辑下的 Track 属性设置对话框中进行设置：在 Width 文本框输入 40 mil；在 Attributes To Match By 选项区域的 Net 下拉列表框中选取 Same；在

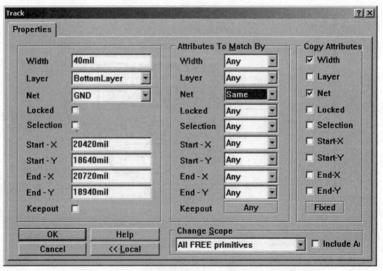

图 9-35　全局编辑下的 Track 属性设置对话框

Copy Attributes 选项区域选中 Width 复选框。设置结果的含义是：对所选取的导线，如果是属于与选取导线在同一网络内的所有导线，要改变其宽度，变为 40 mil。最后，单击 OK 按钮。

（4）系统弹出如图 9-36 所示的 Confirm 对话框，确认是否将更新的结果送入到 PCB 文件中。

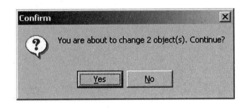

图 9-36　Confirm 对话框

（5）单击 Yes 按钮，符合设置条件的导线宽度被改变。GND 网络导线被加宽后的效果如图 9-37 所示。

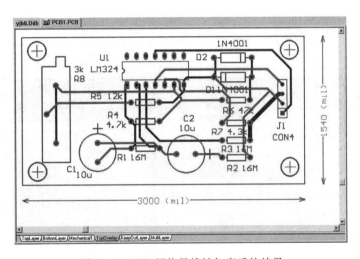

图 9-37　GND 网络导线被加宽后的效果

9.7.4　文字标注的调整与添加

文字标注是指 PCB 封装的标号、标称值和对电路板进行标示的字符串。在电路板进行自动布局和自动布线后，文字标注的位置可能不合理，整体显得较凌乱，需要对它们进行调整，使加工出的 PCB 板美观大方，并根据需要再添加一些文字标注。

1. 文字标注的调整

具体步骤如下。

（1）移动文字标注的位置：用鼠标左键拖动。

（2）文字标注的内容、角度、大小和字体的调整：用鼠标左键双击文字标注，在弹出的属性对话框中，可对 Text（内容），Height、Width（大小），Rotation（旋转角度）和 Font

（字体）等进行修改。

2. 文字标注的添加

例如，对新添加的三个焊盘的作用分别用 VCC、GND 和 OUT 加以标注，具体步骤如下。

（1）将当前工作层切换为 TopOverlay（顶层丝印层）。

（2）执行菜单命令 Place | String，光标变成十字形，按下 Tab 键，在弹出的字符串属性对话框中，对字符串的内容、大小等参数进行设置。

设置完毕后，移动光标到合适的位置，单击鼠标左键，放置一个文字标注。再单击鼠标右键，结束命令状态。

9.7.5　PCB 的 3D 显示功能

Protel 99 SE 系统提供了 3D 预览功能。使用该功能，可以很方便地看到加工成型之后的印刷电路板和在电路板焊接 PCB 封装之后的效果，使设计者对自己的作品有一个较直观的印象。

执行菜单命令 View | Board in 3D，或用鼠标左键单击主工具栏的 按钮，在工作窗口生成了本例子的印刷电路板的 3D 效果图和预览文件，如图 9-38 所示，预览文件名为 3D yjb. PCB。

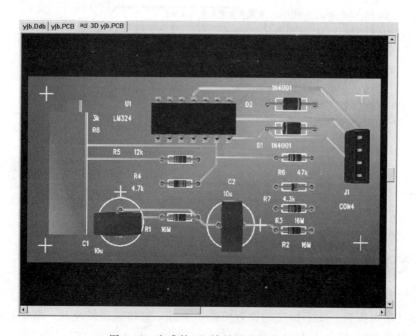

图 9-38　生成的 3D 效果图和预览文件

在生成三维视图的同时，在 PCB 管理器中出现 Browse PCB3D 选项卡，单击该选项卡，将光标放在左下方浏览器的小窗口内，光标变成带箭头的十字形，用鼠标左键按住光标并旋转，三维视图也随之旋转，可从各个角度观察印刷电路板，观察 PCB 封装布局是否合理。

任务 9.8　PCB 报表的生成

Protel 99 SE 生成报表文件的功能可以为用户提供有关设计内容的详细资料，主要包括电路板状态、管脚、PCB 封装、网络表、钻孔文件和插件文件等。

9.8.1　生成 PCB 信息报表

执行菜单命令 Reports｜Board Information，弹出如图 9-39 所示的 PCB Information（电路板信息）对话框。共包括 3 个选项卡，包含的信息如下。

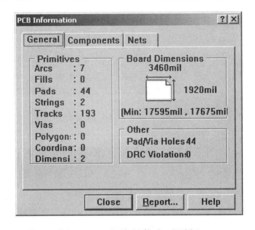

图 9-39　电路板信息对话框

（1）General 选项卡：主要显示电路板的一般信息。

Board Dimensions 选项区域：显示电路板尺寸。

Primitives 选项区域：显示电路板上各对象的数量，如圆弧、矩形填充、焊盘、字符串、导线、过孔、多边形平面填充、坐标值、尺寸标注等内容。

Other 选项区域：显示焊盘和过孔的钻孔总数和违反 DRC 规则的数目。

（2）Components 选项卡：显示当前电路板上所使用的 PCB 封装总数和 PCB 封装顶层与底层的 PCB 封装数目信息，如图 9-40 所示。

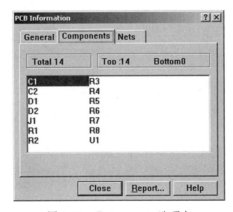

图 9-40　Components 选项卡

（3）Nets 选项卡：显示当前电路板中的网络名称及数目，如图 9-41 所示。单击 Pwr/Gnd 按钮，会显示内部层的有关信息。

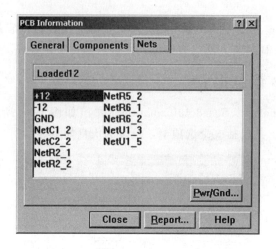

图 9-41　Nets 选项卡

单击 Report 按钮，弹出如图 9-42 所示的选择报表项目对话框，用来选择要生成报表的项目。单击 All On 按钮，选择所有项目；单击 All Off 按钮，不选择任何项目；选中 Selected objects only 复选框，仅产生所选中项目的电路板信息报表。

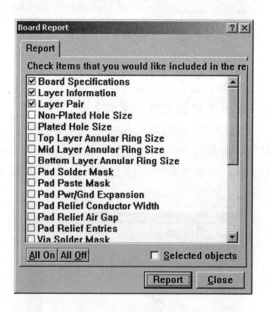

图 9-42　选择报表项目对话框

单击 Report 按钮，将按照所选择的项目生成相应的报表文件，文件名与相应 PCB 文件名相同，扩展名为 .REP。PCB 信息报表文件的具体内容如图 9-43 所示。

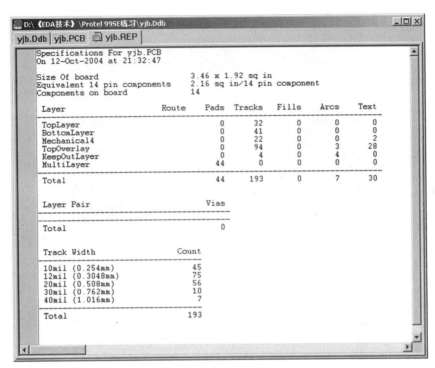

图 9-43   PCB 信息报表文件

9.8.2   生成数控钻孔报表

焊盘和过孔在电路板加工时都需要钻孔。钻孔报表用于提供制作电路板时所需的钻孔资料，直接用于数控钻孔机。生成钻孔报表的操作步骤如下。

（1）执行菜单命令 File | New，系统弹出如图 9-44 所示的新建文件对话框，选择 CAM output configuration（辅助制造输出设置文件）图标，单击 OK 按钮。

（2）打开该文件，系统弹出如图 9-45 所示的选择 PCB 文件对话框，选择需要生成钻孔报表的 PCB 文件。

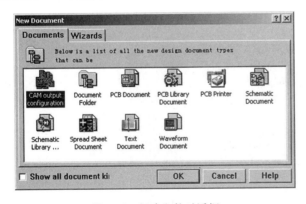

图 9-44   新建文件对话框

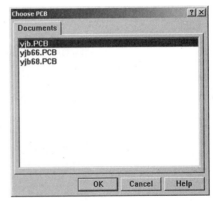

图 9-45   选择 PCB 文件对话框

（3）单击 OK 按钮，系统弹出如图 9-46 所示的输出向导对话框。

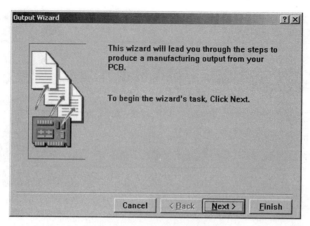

图 9-46　输出向导对话框

（4）单击 Next 按钮，系统弹出如图 9-47 所示的对话框，选择需要生成的文件类型，此处选择 NC Drill。

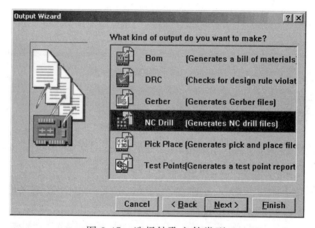

图 9-47　选择钻孔文件类型

（5）单击 Next 按钮，系统弹出如图 9-48 所示的对话框，输入将产生的 NC 钻孔报表文件名称。

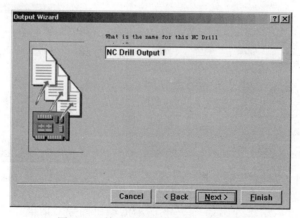

图 9-48　输入 NC 钻孔报表文件名称

（6）单击 Next 按钮，系统弹出如图 9-49 所示的对话框，用于设置单位和单位格式。

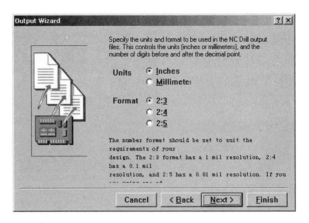

图 9-49　设置单位和单位格式

单位选择英制或公制。如果是英制单位，单位格式有 2∶3、2∶4 和 2∶5 三种，其具体含义以 2∶3 为例，表示使用 2 位整数、3 位小数的数字格式。

（7）单击 Finish 按钮，完成 NC 钻孔报表文件的创建，系统默认文件的名称为 CAMManager1.cam。

（8）双击 CAMManager1.cam 文件，执行菜单命令 Tools | Generate CAM File，系统将自动在 Documents 文件夹下建立 CAM for sch 文件夹，下面有 3 个文件，包括 yjb.DRR、yjb.DRL 和 yjb.TXT。打开 yjb.DRR 文件，其数控钻孔报表如图 9-50 所示。

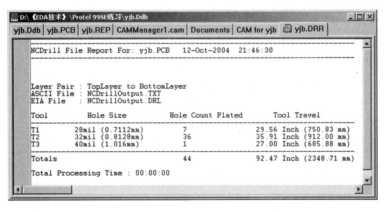

图 9-50　数控钻孔报表

9.8.3　生成 PCB 封装报表

PCB 封装报表就是一个电路板或一个项目所用 PCB 封装的清单。使用 PCB 封装列表，可以帮助设计者了解电路板上的 PCB 封装信息，有利于设计工作的顺利进行。生成 PCB 封装报表的操作步骤如下。

（1）执行菜单命令 File | New，系统弹出如图 9-44 所示的新建文件对话框。在图中选择 CAM output configuration 图标，用来生成辅助文件制造输出文件。

（2）单击 OK 按钮，接着出现的画面如图 9-45 和图 9-46 所示，用以选择产生 PCB 封装报表的 PCB 文件和使用输出向导。

（3）单击 Next 按钮，系统弹出如图 9-47 所示的对话框。在对话框中选择 Bom。

（4）单击 Next 按钮，在弹出的对话框中输入 PCB 封装报表文件名。再单击 Next 按钮，系统弹出如图 9-51 所示的对话框，用来选择输出文件格式，包括 Spreadsheet（电子表格格式）、Text（文本格式）、CSV（字符格式）。默认为 Spreadsheet。

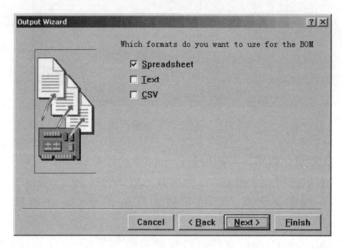

图 9-51　选择输出文件格式

（5）单击 Next 按钮，系统弹出图 9-52 所示的对话框，用以选择 PCB 封装的列表形式。系统提供了两种列表形式：① List 形式将当前电路板上所有 PCB 封装全部列出，每个 PCB 封装占一行，所有 PCB 封装按顺序向下排列；② Group 形式将当前电路板上具有相同名称的 PCB 封装作为一组列出，每一组占一行。此处选择 List 形式。

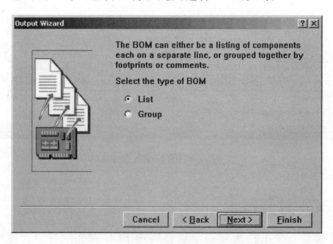

图 9-52　选择 PCB 封装的列表形式

（6）单击 Next 按钮，系统弹出如图 9-53 所示的对话框，选择 PCB 封装排序依据。如选择 Comment，则用 PCB 封装名称排序。Check the fields to be included in the report 区域

用于选择 PCB 封装报表所包含的范围，包括 Designator、Footprint 和 Comment 三个复选框。此处采用图中的默认选择。

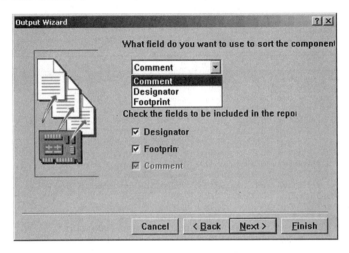

图 9-53　选择 PCB 封装排序依据

（7）单击 Next 按钮，系统弹出完成对话框，单击 Finish 按钮完成。此时，系统生成辅助制造管理文件，默认文件名为 CAMManager2. cam，但它不是 PCB 封装报表文件。

（8）进入 CAMManager2. cam，执行菜单命令 Tools | Generate CAM files，系统将产生 BOM for yjb. bom 文件，其内容如图 9-54 所示。

	A	B	C	D	E
1	Comment	Footprint	Designators		
2	10u	RB-.2/.4	C1		
3	10u	RB-.2/.4	C2		
4	12k	AXIAL0.3	R5		
5	16M	AXIAL0.3	R1		
6	16M	AXIAL0.3	R2		
7	16M	AXIAL0.3	R3		
8	1N4001	DIODE-0.4	D1		
9	1N4001	DIODE-0.4	D2		
10	3k	VR2	R8		
11	4.3k	AXIAL0.3	R7		
12	4.7k	AXIAL0.3	R4		
13	47k	AXIAL0.3	R6		
14	CON4	SIP-4	J1		
15	LM324	DIP14	U1		
16					
17					

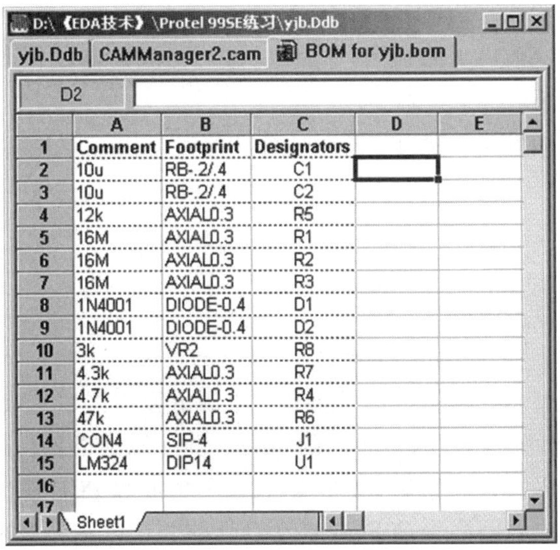

图 9-54　PCB 封装报表

9. 8. 4　生成插件表报表

PCB 封装插件表报表用于插件机在电路板上自动插入 PCB 封装。生成 PCB 封装位置报表的操作步骤同上。

进入 CAMManager3.cam 文件,执行菜单命令 Tools | Generate CAM Files,在系统建立的相应文件夹下打开 PCB 封装位置报表文件 Pick Place for yjb.pik,如图 9-55 所示。

	A	B	C	D	E	F	G	H	I	J	K
1	Designator	Footprint	Mid X	Mid Y	Ref X	Ref Y	Pad X	Pad Y	Layer	Rotation	Comment
2	C1	RB-.2/.4	18800mil	18340mil	18800mil	18440mil	18800mil	18440mil	T	90	10u
3	C2	RB-.2/.4	19740mil	18320mil	19840mil	18320mil	19840mil	18320mil	T	360	10u
4	D1	DIODE-0.4	20240mil	19120mil	20440mil	19120mil	20440mil	19120mil	T	180	1N4001
5	D2	DIODE-0.4	20240mil	19320mil	20040mil	19320mil	20040mil	19320mil	T	0	1N4001
6	J1	SIP-4	20760mil	18890mil	20760mil	18740mil	20760mil	18740mil	T	90	CON4
7	R1	AXIAL0.3	19310mil	18380mil	19460mil	18380mil	19460mil	18380mil	T	180	16M
8	R2	AXIAL0.3	20270mil	18280mil	20420mil	18280mil	20420mil	18280mil	T	180	16M
9	R3	AXIAL0.3	20270mil	18460mil	20420mil	18460mil	20420mil	18460mil	T	180	16M
10	R4	AXIAL0.3	19310mil	18660mil	19460mil	18660mil	19460mil	18660mil	T	180	4.7k
11	R5	AXIAL0.3	19310mil	18860mil	19460mil	18860mil	19460mil	18860mil	T	180	12k
12	R6	AXIAL0.3	20270mil	18880mil	20420mil	18880mil	20420mil	18880mil	T	180	47k
13	R7	AXIAL0.3	20270mil	18640mil	20120mil	18640mil	20120mil	18640mil	T	0	4.3k
14	R8	VR2	18310mil	18740mil	18360mil	18440mil	18360mil	18440mil	T	90	3k
15	U1	DIP14	19420mil	19190mil	19120mil	19040mil	19120mil	19040mil	T	90	LM324
16											
17											

图 9-55 插件表报表 (以表格显示)

任务 9.9 PCB 输 出

采用打印机或绘图仪输出电路板图,也可以将所完成的电路板图存盘,或发 E-mail 给电路板制造商生产电路板。

有关打印电路板图的具体内容可以参见任务 7.5。

项 目 小 结

本项目主要介绍了以下内容。

(1) 本项目通过一个实例,详细讲解了 PCB 自动布线技术及有关设计技巧。

(2) PCB 自动布线技术一般遵循以下步骤:绘制电原理图、生成网络表、定义电路板、加载 PCB 封装库、加载网络表、PCB 封装的布局、设计规则设置、自动布线、人工布线调整、PCB 电气规则检查及标注文字调整、PCB 报表的生成和 PCB 输出等。

(3) 由电原理图生成的网络表是 PCB 自动设计的关键,在装载网络表文件时,电原理图、网络表和 PCB 封装必须相匹配。

(4) 在进行 PCB 设计前,必须确定电路板的工作层,并在相应的工作层确定电路板的物理边界和电气边界。

(5) 合理的布局是 PCB 设计成功的第一步;在布局过程中,必须考虑导线的布通率、散热、电磁干扰、信号完整性等问题;所以,一般 PCB 封装的布局采用自动布局和人工调整相结合的方法。

（6）自动布线是指系统根据设计者设定的布线规则，依照网络表中的各个 PCB 封装之间的连线关系，按照一定的算法自动地在各个 PCB 封装之间进行布线；因此，在自动布线之前，必须先设置好布线的规则和参数；重点掌握自动布线规则的设置及自动布线有关命令的使用。

（7）掌握几种人工调整布线的操作技巧，如将焊盘或 PCB 封装接入到网络内的操作步骤，对导线、焊盘或字符串进行全局编辑的操作方法等。

（8）Protel 99 SE 生成报表文件的功能可以为用户提供有关设计内容的详细资料，主要包括电路板状态、管脚、PCB 封装、网络表、钻孔文件和插件文件等。

项目练习

1. 简述 PCB 自动布线技术的一般步骤。

2. 在进行 PCB 设计中，加载网络表和 PCB 封装发生网络宏错误主要有哪几种，应如何解决？

3. Protel 99 SE 提供的群集式和统计式两种自动布局方式，各适用于什么场合？

4. 简述电路板自动布线规则。

5. 何谓预布线？在自动布线时如何锁定预布线？

6. 使用全局编辑对有关对象进行操作有什么优点？

7. 正负电源电路如图 9-56 所示，用自动布线技术设计该电路板。

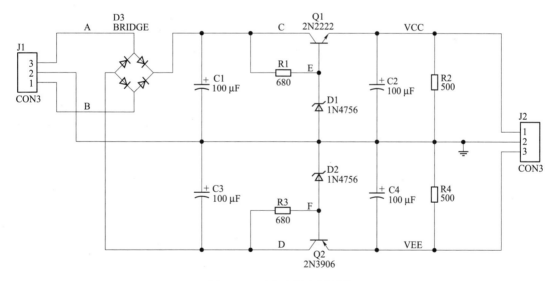

图 9-56　正负电源电原理图

设计要求：

（1）使用单层电路板，电路板尺寸为 3 200 mil×2 000 mil；

（2）采用插针式 PCB 封装，焊盘之间允许走两根铜膜线；

（3）按 PCB 板参考图（见图 9-57），人工布置 PCB 封装位置；

（4）最小铜膜线走线宽度为 20 mil，电源（VCC、VEE）和地线（GND）的铜膜线宽度为 40 mil；

（5）自动布线完成后，要求生成电路板信息报表、数控钻孔报表、插件表报表和 PCB 封装报表。

该电路元件列表见表 9-2。

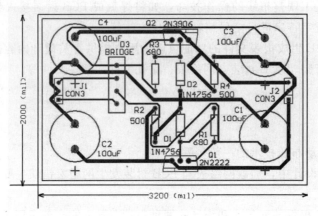

图 9-57　PCB 板参考图（1）

表 9-2　电路元件列表（1）

说　　明	编　　号	封　　装	元件名称
电阻	R1、R2、R3、R4	AXIAL0.4	RES2
电解电容	C1、C2、C3、C4	RB-.3/.6	CAP2
整流桥	D3	FLY-4	18DB05
NPN 晶体管	Q1	TO220V	2N2222
NPN 晶体管	Q2	TO220V	2N3906
稳压管	D1、D2	DIODE-0.4	1N4756
连接器	J1、J2	SIP-3	CON3

8. 用自动布线技术设计如图 9-58 所示电路的电路板。

设计要求：

（1）使用双层电路板，电路板尺寸为 2 500 mil×2 000 mil；

（2）采用插针式 PCB 封装，焊盘之间允许走两根铜膜线；

（3）按 PCB 板参考图（见图 9-59），人工布置 PCB 封装位置；

（4）最小铜膜线走线宽度为 10 mil，电源（VCC）和地线（GND）的铜膜线宽度为 20 mil；

（5）要求电源（VCC）网络的布线层为顶层（TopLayer），地线（GND）网络的布线层为底层（BottomLayer）；

（6）自动布线完成后，要求生成电路板信息报表、数控钻孔报表、插件表报表和 PCB 封装报表。

该电路元件列表见表 9-3。

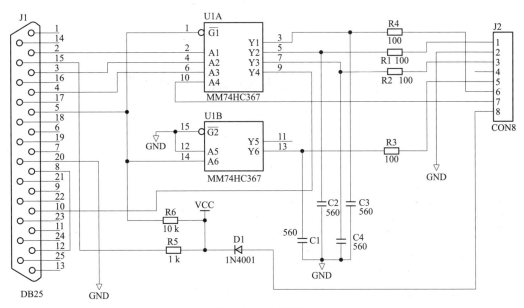

图 9-58　电原理图

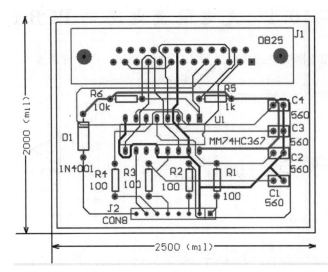

图 9-59　PCB 板参考图（2）

表 9-3　电路元件列表（2）

说　明	编　号	封　装	元 件 名 称
电阻	R1、R2、R3、R4、R5、R6	AXIAL0.3	RES2
电容	C1、C2、C3、C4	RAD0.1	CAP
二极管	D1	DIODE-0.4	DIODE
连接器	J1	DB-25/M	DB25
连接器	J2	SIP-8	CON8
3 态的六总线驱动器	U1A、U1B	DIP16	MM74HC367

项目 10   PCB 设计实例

任务目标：

- ☑ 掌握 PCB 人工设计的具体步骤
- ☑ 掌握 PCB 自动布线设计的具体步骤
- ☑ 掌握综合运用 PCB 设计的设计技巧
- ☑ 掌握 PCB 设计实例的操作

任务 10.1   光电隔离电路的 PCB 设计

以项目 5 中的光电隔离电路为例进行人工设计 PCB，电原理图如图 10-1 所示。

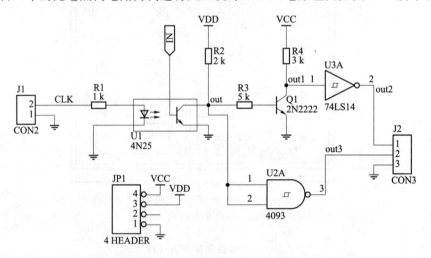

图 10-1   光电隔离电路电原理图

光电隔离电路电原理图中的元件列表见表 10-1，在该表中有序号、元件值、元件封装、元件名和说明。

表 10-1   元件列表

序　号	元　件　值	元　件　封　装	元　件　名	说　　明
R1	1 k	AXIAL0.3	RES2	Resistor
R2	2 k	AXIAL0.3	RES2	Resistor

续表

序 号	元 件 值	元 件 封 装	元 件 名	说 明
R3	5 k	AXIAL0.3	RES2	Resistor
R4	3 k	AXIAL0.3	RES2	Resistor
Q1	2 N2 222	TO-92A	NPN	NPN BJT
J1	CON2	SIP-2	CON2	Connector
J2	CON3	SIP-3	CON3	Connector
JP1	4 HEADER	FLY-4	4 HEADER	4 Pin Header
U1	4N25	DIP-6	4N25	Opto Isolator
U2	4093	DIP-14	4093	Quad 2-Input NAND Schmitt-Trigger
U3	74LS14	DIP-14	74LS14	Hex Schmitt-Trigger Inverter

要求：使用单面板，板框尺寸长为 2 560 mil，宽为 1 500 mil，电源地线的铜膜线宽度为 25 mil，其他铜膜线走线宽度为 10 mil，采用插针式元件。

具体步骤如下。

(1) 建立 PCB 文件。

在 Protel 99 SE 主窗口中执行菜单命令 File | New，建立一个新的设计数据库文件"光电隔离电路.Ddb"，再次执行菜单命令 File | New，选择建立 PCB 文件，新建一个 PCB 文件，并将文件名改为"光电隔离电路.PCB"。

(2) 定义电路板。

根据 7.1.3 节所介绍的直接定义电路板的方法定义该电路板。把当前工作层切换为 KeepoutLayer，执行菜单命令 Place | Line，或单击放置工具栏的放置连线按钮 ≈，放置连线，绘制出电路板的电气边界。该电路板的外形尺寸长为 2 560 mil，宽为 1 500 mil。

(3) 加载 PCB 封装库。

在 PCB 管理器中选中 Browse PCB 选项卡，在 Browse 下拉列表框中选择 Libraries，将其设置为元件库浏览器，加载常用元件封装库：PCB Footprint.lib、General IC.lib 、International Rectifiers.lib、Miscellaneous.lib、Transistors.lib 等。

(4) 放置元件及布局。

单击放置工具栏的 按钮，或执行菜单命令 Place | Component，按表 10-1 元件列表中的要求放置元件的封装形式。也可以加载网络表，在 PCB 编辑器中执行菜单命令 Design | Load Nets，装入网络表后如发现错误则进行修改，直至全部正确无误。这样放入 PCB 图的封装中都有网络飞线，有利于下一步的布线，进行整体布局后如图 10-2 所示。

(5) 设置设计规则。

在 PCB 编辑器下执行菜单命令 Design | Rules，将弹出 Design Rules（设计规则）对话框。单击 Routing 选项卡，可对 PCB 布线时的导线宽度进行设置，用于设置布线时的导线宽度如图 10-3 所示。

(6) 放置导线。

单击放置工具栏中的 按钮，或执行菜单命令 Place | Interactive Routing（交互式布线），当光标变成十字形，将光标移到导线的起点，沿着网络飞线进行人工布线。这时布线

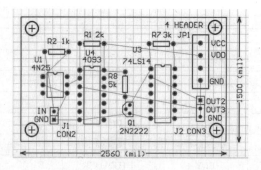

图 10-2　整体布局后的 PCB 图

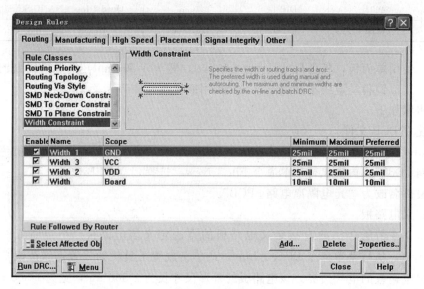

图 10-3　导线宽度的设置

宽度会自动按照设置好的要求进行，如图 10-4 所示。

完成布线后的 PCB 图如图 10-5 所示。

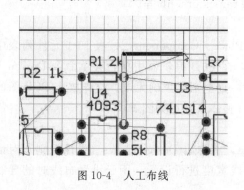

图 10-4　人工布线

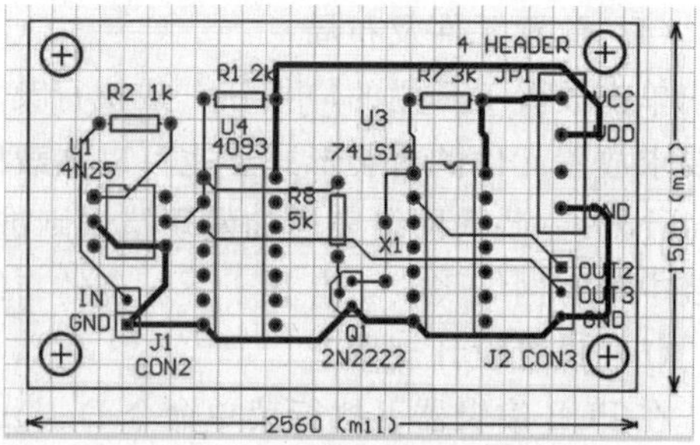

图 10-5　完成布线后的 PCB 图

（7）显示 PCB 的 3D 视图。

执行菜单命令 View | Board in 3D，或用鼠标左键单击主工具栏的 按钮，在工作窗口生成了本例子的印刷电路板的三维视图，同时生成 3D 预览文件，如图 10-6 所示。

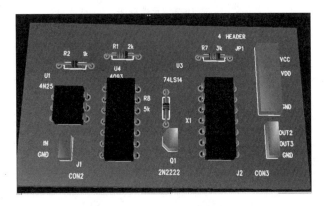

图 10-6　PCB 的 3D 视图

（8）保存设计。

单击菜单命令 File｜Save All，保存项目中的所有文件。

任务 10.2　单片机实时时钟电路的 PCB 设计

以项目 5 中的单片机实时时钟电路为例进行 PCB 自动布线设计，电原理图如图 10-7 所示。

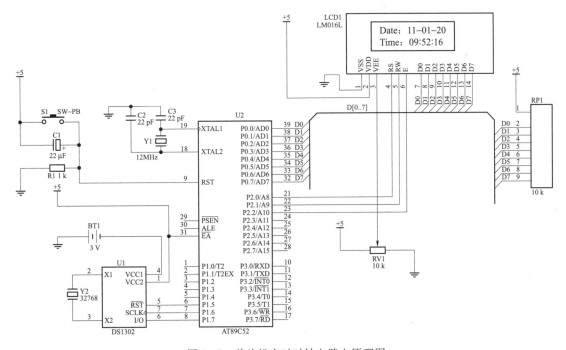

图 10-7　单片机实时时钟电路电原理图

单片机实时时钟电路电原理图中的元件列表见表 10-2，在该表中有序号、元件值、元件封装、元件名和说明。

表 10-2　元件列表

序　号	元 件 值	元件封装	元 件 名	说　　明
R1	1 k	AXIAL0.4	RES2	Resistor
RV1	10 k	VR2	POT2	Potentiometer
RP1	10 k	AXIAL0.3	RES2	Resistor
C1	22 μF	RB-.2/.4	ELECTRO1	Electrolytic Capacitor
C2	22 pF	RAD0.1	CAP	Capacitor
C3	22 pF	RAD0.1	CAP	Capacitor
Y1	12 MHz	SIP2	XTAL	Crystal Oscillator
Y2	32 768	SIP2	XTAL	Crystal Oscillator
U1	DS1 302	DIP8	DS1 302	Time IC
U2	AT89C52	DIP40	AT89C52	MCU
S1	SW-PB	ANNIU	SW-PB	Anniu
BT1	3 V	BATTERY	BATTERY	Battery

要求：使用双面板，板框尺寸长为 4 000 mil，宽为 3 000 mil，电源地线的铜膜线宽度为 40 mil，其他铜膜线走线宽度为 15 mil，采用插针式元件。

该电路需要自己制作电原理图元件和封装图形，集成电路 AT89C52、DS1 302 和 LCD 液晶显示屏 LM016L 可采照项目 4 中的项目练习例子完成。

按钮 ANNIU 和电池 BATTERY 的封装图如图 10-8 所示，封装注重元件的引脚尺寸，需要按照实际的元件尺寸画封装图，同时还要使焊盘的尺寸足够大，以使元件的引脚能够插入焊盘，其中按钮的焊盘外直径为 120 mil，孔直径为 80 mil，而电池的焊盘外直径为 120 mil、孔直径为 60 mil。在确定焊盘号时要观察元件引脚号，需要焊盘号与引脚号一致，就是实际元件的引脚和电原理图元件图引脚之间应该有确定的关系。

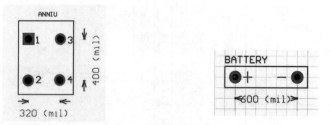

图 10-8　按钮 ANNIU 和电池 BATTERY 的封装图

具体步骤如下。

（1）建立 PCB 文件。

在 Protel 99 SE 主窗口中执行菜单命令 File | New，建立一个新的设计数据库文件"单片机实时时钟电路.Ddb"，再次执行菜单命令 File | New，选择建立 PCB 文件。新建一个 PCB 文件，并将文件名改为"单片机实时时钟电路.PCB"。

（2）定义电路板。

根据 7.1.4 节所介绍的使用向导定义电路板的方法定义该电路板，执行菜单命令 File |

New，在弹出的对话框中选择 Wizards 选项卡，选择 Print Circuit Board Wizard（印制电路板向导）图标，单击 OK 按钮，进入电路板向导，绘制出电路板的电气边界，该电路板的外形尺寸长为 4 000 mil，宽为 3 000 mil。

（3）加载 PCB 封装库。

在 PCB 管理器中选中 Browse PCB 选项卡，在 Browse 下拉列表框中选择 Libraries，将其设置为元件库浏览器，加载常用元件封装库：PCB Footprint. lib、General IC. lib 、International Rectifiers. lib、Miscellaneous. lib、Transistors. lib 等。同时加载自建的封装库，这个封装库包含按钮 ANNIU 和电池 BATTERY 的封装，如图 10-9 所示。

图 10-9　加载 PCB 封装库

（4）加载网络表及布局。

在 PCB 编辑器中，执行菜单命令 Design｜Load Nets，找到网络表所在的设计数据库文件路径和名称，在正确选取 . NET 文件后装入网络表。装入网络表后如发现错误，进行修改，直至全部正确无误，载入封装，进行整体布局后的 PCB 图如图 10-10 所示。

（5）设置设计规则。

在 PCB 编辑器下执行菜单命令 Design｜Rules，将弹出 Design Rules（设计规则）对话框。单击 Routing 选项卡，可对 PCB 布线时的导线宽度进行设置，用于设置布线时的导线宽度如图 10-11 所示。

（6）运行自动布线。

设置好布线规则后，就可运行自动布线了。在 PCB 编辑器中执行菜单命令 Auto Route｜All，可对整个电路板进行自动布线，屏幕弹出自动布线器设置对话框。布线规则和自动布线器各种参数设置完毕，单击 Route All 按钮，系统开始对电路板进行自动布线，完成布线后的 PCB 图如图 10-12 所示。

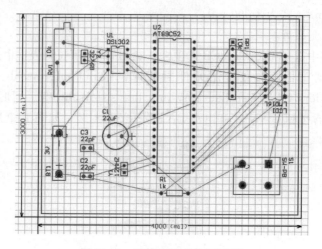

图 10-10 整体布局后的 PCB 图

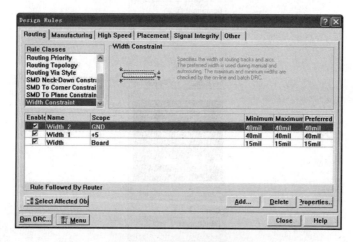

图 10-11 导线宽度的设置

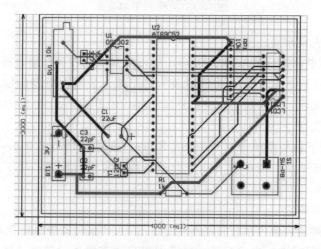

图 10-12 完成布线后的 PCB 图

（7）显示 PCB 的 3D 视图。

执行菜单命令 View | Board in 3D，或用鼠标左键单击主工具栏的 按钮，在工作窗口生成了本例子的印刷电路板的三维视图，同时生成 3D 预览文件，如图 10-13 所示。

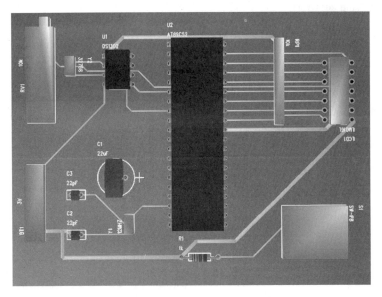

图 10-13　PCB 的 3D 视图

（8）保存设计。

单击菜单命令 File | Save All，保存项目中的所有文件。

项目小结

本项目主要介绍了以下内容。

（1）通过光电隔离电路和单片机实时时钟电路的两个 PCB 设计实例，详细介绍了 Protel 99 SE 中的 PCB 人工设计和 PCB 自动布线设计的功能及应用，并对 Protel 99 SE 中 PCB 设计的一般流程及有关设计技巧进行了详细讲解。

（2）PCB 设计一般遵循以下步骤：定义电路板、加载 PCB 封装库、加载网络表、PCB 封装的布局、设计规则设置、人工布线或自动布线、显示 PCB 的 3D 视图、PCB 输出和保存设计等。

项目练习

1. 单级放大器电路如图 10-14 所示，元件列表见表 10-3，对该电路进行人工设计 PCB。设计要求：

（1）使用单层电路板，板框尺寸为 2 000 mil×1 000 mil；

（2）电源地线的铜膜线宽度为 50 mil；

（3）一般布线的宽度为 20 mil；

（4）人工放置元件封装；

（5）人工连接铜膜线；

（6）布线时考虑只能单层走线。

PCB 板参考图见图 10-15。

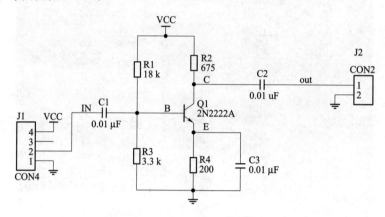

图 10-14　单级放大器电原理图

表 10-3　元件列表

说　　明	编　　号	封　　装	元 件 名 称
电阻	R1、R2、R3、R4	AXIAL0.3	RES2
电容	C1、C2、C3	RAD0.1	CAP
NPN 三极管	Q1	TO-92A	2N2222A
连接器	J1	SIP-4	CON4
连接器	J2	SIP-2	CON2

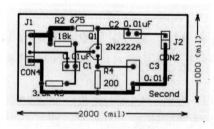

图 10-15　PCB 板参考图

2. 对图 10-16 所示的 CPLD 电路进行 PCB 自动布线设计，要求：

（1）使用双面板，板框尺寸为 4 100 mil×3 480 mil；

（2）采用插针式元件，元件布置见 PCB 板参考图，如图 10-17 所示。

（3）焊盘之间允许走一根铜膜线。

（4）最小铜膜线走线宽度为 10 mil，电源地线的铜膜线宽度为 20 mil。

（5）要求画出原理图、建立网络表、人工布置元件，自动布线。

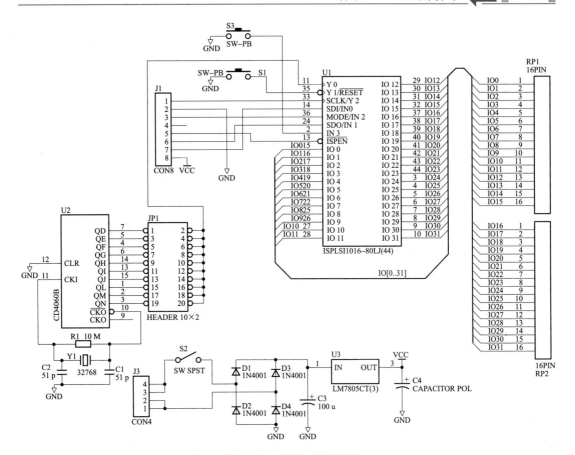

图 10-16　CPLD 电原理图

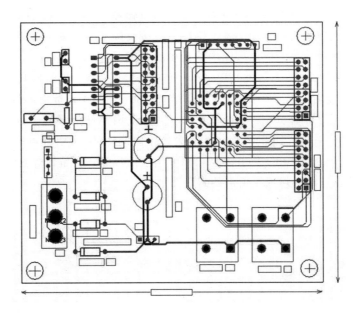

图 10-17　PCB 板参考图

该电路的元件列表如表 10-4 所示。

表 10-4 元件列表

说　明	编　号	封　装	元件名称
系统可编程逻辑器件	U1	PGA1016	ISPLSI1016-110LJ（44）
连接器	J1	SIP-8	CON8
连接器	J3	SIP-4	CON4
按钮	S1	ANNIU	SW-PB
COMS14 级异步计数器与振荡器	U2	DIP16	MM74HC4060
连接器	JP1	IDC20	HEADER10X2
电容	C1、C2	RAD0.1	CAP
石英晶体	Y1	XTAL-1	CRYSTAL
电阻	R1	AXIAL0.3	RES2
三端稳压器	U3	SIP-3	LM7805CT（3）
开关	S2	KAIGUAN	SW-PB
电容器	C3、C4	RB-.2/.4	CAPACITOR POL
按钮	S3	ANNIU	SW-PB
二极管	D1、D2、D3、D4	DIODE0.4	1N4001
连接器	RP1、RP2	IDC16	16PIN

该电路需要自己制作开关、按钮和可编程逻辑器件 1016E 的封装图形。封装注重元件的引脚尺寸，对于开关和按钮，需要按照实际的元件尺寸画封装图，同时还要使焊盘的尺寸足够大，以使开关和按钮的引脚能够插入焊盘，图 10-18 是按钮和开关的封装图。其中按钮的焊盘外直径为 120 mil，孔直径为 80 mil；而开关的焊盘外直径为 200 mil、孔直径为 150 mil。在确定焊盘时要观察元件引脚号，需要焊盘号与引脚号一致，就是实际元件的引脚和电原理图元件图引脚之间应该有确定的关系。例如，在按钮按下时，按钮有两个引脚短接，则这两个引脚对应的焊盘就应该与电原理图中按钮图的引脚对应。

器件 U1 的封装 PGA1016 虽然是 PLCC，但是安装器件 U1 的管座与电路板连接部分的封装是 PGA44，这就需要画一个 PGA44 的封装图。由于 PGA 是标准的封装，在 PGA 封装库中有多种封装，但是没有 PGA44 的封装图，需要使用元件封装向导画一个 PGA44 的图形。首先利用向导画一个 8×8 的矩阵，然后去掉中间的 4×4 个引脚，形成一个 PGA48 的封装，然后使用菜单命令 Edit | Delete 删除四个角上的焊盘，再编辑焊盘号，焊盘号的排列规律见图 10-19 所示，最后形成了所需的封装图形。

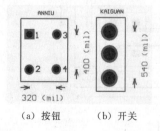

（a）按钮　　　（b）开关

图 10-18　按钮和开关的封装图

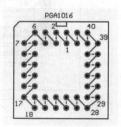

图 10-19　器件 U1 的封装 PGA1016

项目 11　PCB 制板技术

任务目标：

- ☑ 掌握热转印制板的基本方法及操作步骤
- ☑ 掌握雕刻制板的基本方法及操作步骤
- ☑ 掌握化学环保制板的基本方法及操作步骤
- ☑ 掌握小型工业制板的基本方法及操作步骤

随着电子工业的发展，尤其是微电子技术的飞速发展，对印制电路板的制造工艺、质量和精度也提出了新的要求。印制板的品种从单面板、双面板发展到多层板和挠性板；印制线条越来越细、间距也越来越小。目前，不少厂家都可以制造线宽和间距在 0.2 mm 以下的高密度印制板。

下面重点介绍几种现阶段应用最为广泛的单、双面印制板方法，可用于科研、电子设计比赛、电子课程设计、毕业设计、创新制作等环节。以下制板方案采用湖南科瑞特科技股份有限公司提供的快速线路板制板设备，如果采用其他制板公司设备其制板方案的基本原理是相同的，读者可以查阅相关资料自己动手实践。

任务 11.1　热转印制板

印制板快速制作简单易行的制作方法是热转印制板，也是最常见的制板方法，比较适合单面板。单面板是只有一面敷铜、另一面没有敷铜的电路板，仅在敷铜的一面布线和焊接元件。这种方法适用于单件制作，它具有以下优点：成本低廉，约 0.02 元/平方厘米；制作速度快，约 20 min；精度可满足一般需求，线宽≥0.3 mm，线间距≥0.3 mm。

热转印法工艺流程图如图 11-1 所示。

本制板方法采用科瑞特公司提供的经济、快速制板方案，具体步骤如下。

（1）下料。按照实际设计尺寸用裁板机裁剪覆铜板，去除四周毛刺。

（2）打印底片。建议用专业的底片打印机（如 HP P2055D 或 HP 5200LX 打印机），将设计好的印制电路板布线图通过激光打印机打印到热转印纸上，该步骤有两点需要注意：

① 布线图打印无须镜像；

② 布线图必须打印在热转印纸的光面。

（3）图形转印。将步骤（2）的热转印纸转印到覆铜板上。该步骤的作用是将热转印纸上的图形转移到覆铜板上。操作方法：首先将覆铜板用细砂纸打磨，打磨的作用是去除板表面的氧化物、脏痕迹等；然后将打印好的热转印纸覆盖在覆铜板上，用纸胶将热转印纸贴紧在覆铜板上，待机器的温度正常后，送入热转印机转印两次，使熔化的墨粉完全吸附在覆铜板上；最后待覆铜板冷却后，揭去热转印纸。

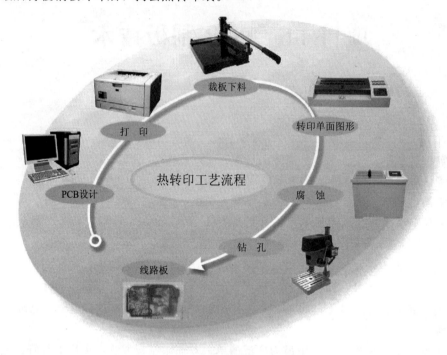

图 11-1　热转印法工艺流程图

（4）修版。检查步骤（3）的覆铜板热转印效果，是否存在断线或沙眼。若是，用油性笔进行描修；若无，则跳过此步，进入步骤（5）。

（5）蚀刻。蚀刻液一般使用环保型的腐蚀溶液，将描修好的印制电路板完全浸没到溶液中，蚀刻印制图形。

（6）水洗。把蚀刻后的印制板立即放在流水中清洗 3 min，清洗板上残留的溶液。

（7）钻孔。对印制板上的焊盘孔、安装孔、定位孔进行机械加工，采用高精度微型台钻孔。钻孔时注意钻床转速应取高速，进刀不宜过快，钻头进入线路板后，正在钻孔和退出线路板都不能移动线路板，以免钻头断掉。

（8）涂助焊剂。先用碎布沾去污粉后反复在板面上擦拭，去掉铜箔氧化膜，露出铜的光亮本色。冲洗晾干后，应立即涂助焊剂（可用已配好的松香酒精溶液），助焊剂有以下两点作用：

① 保护焊盘不氧化；

② 助焊。

任务 11.2　雕 刻 制 板

雕刻制板又称为物理制板，先采用机械钻孔方法，然后直接用雕刀将线路图形雕刻出来得出线路，是一种典型的物理制板法。

　　物理制板法由于采用电脑加载 PCB 文件直接驱动雕刻机的三维轴的运动来达到钻雕铣的目的，因此，相对化学制板法来说，流程比较简单，制作单面板等比较方便。但由于是机械雕刻的方法，也注定了该制板法具有制作精度低、速度慢、工艺不完整等缺点。

　　下面就以图 11-2 所示的科瑞特 Create-DCM3030 双面线路板雕刻机为例，来说明雕刻制板的操作步骤，其雕刻制板法工艺流程如图 11-3 所示。

图 11-2　Create-DCM3030 双面线路板雕刻机

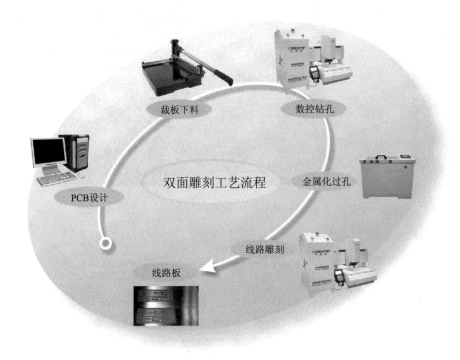

图 11-3　雕刻制板法工艺流程

11.2.1　导出 Gerber 数据文件

　　安装好随机配置光盘中的 Protel 99 SE 软件，并且打开需加工的电原理图，按下列步骤导出 Gerber 数据文件。若使用 Protel DXP 软件，使用方法与此不同，详细见 11.4.1 节

"底片制作"之"Gerber 数据文件导出"。

1. 定原点

在导出 Gerber 数据文件之前，需设置好原点，否则导出 Gerber 数据文件会出错。选择 Edit | Origin | Set 设置原点，原点选择最小坐标，如图 11-4 所示。

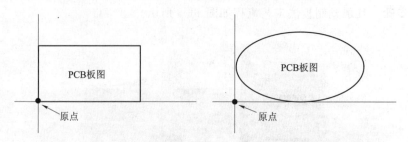

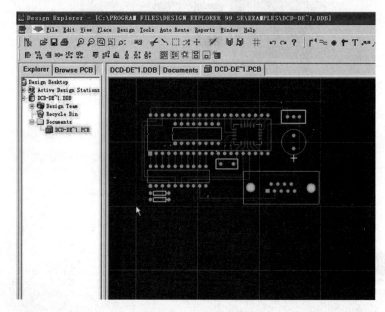

图 11-4　定原点

2. 加定位孔

在要雕刻的 PCB 图（demo. pcb）的 KeepoutLayer 层四角加定位孔，如图 11-5 所示。

3. 生成雕刻、钻孔、铣边文件

（1）执行菜单命令 File | New | CAM Manager，弹出一个输出向导对话框，单击 Next 按钮，弹出选择输出文件类型对话框，如图 11-6 所示，选择 Gerber 类型。

（2）单击 Next 按钮，弹出选择单位、格式比例对话框，如图 11-7 所示。

（3）单击 Next 按钮，弹出输出层信息对话框，选择与雕刻数据有关的顶层、底层、边框，如图 11-8 所示；单击 Finish 按钮，完成导出 Gerber 数据文件，如图 11-9 所示。

（4）导出 Gerber 数据文件后，单击鼠标右键选择 Insert NC Drill 导出 NC Drill 文件，如图 11-10 所示。

（5）弹出单位、格式比例选择对话框，如图 11-11 所示，单击 OK 按钮生成 NC Drill 文件。

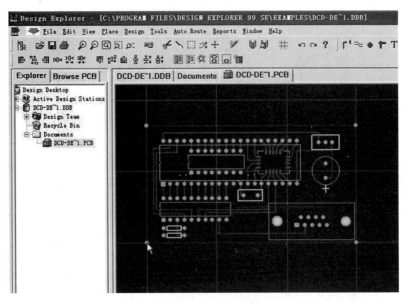

图 11-5　加定位孔

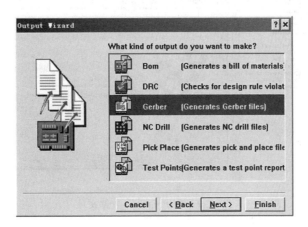

图 11-6　选择输出文件类型对话框

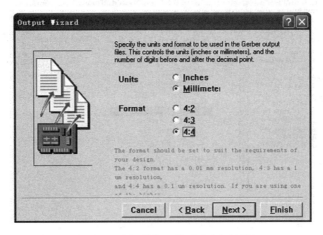

图 11-7　选择单位、格式比例对话框

图 11-8　输出层信息对话框

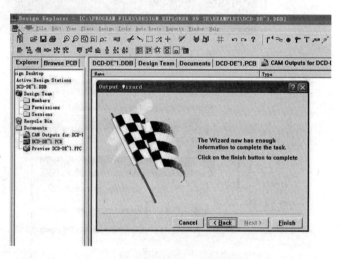

图 11-9　导出 Gerber 数据文件

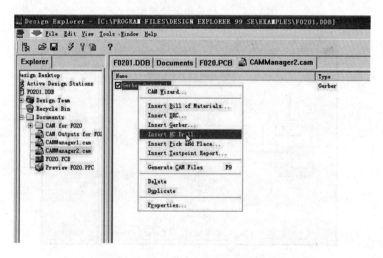

图 11-10　导出 NC Drill 文件

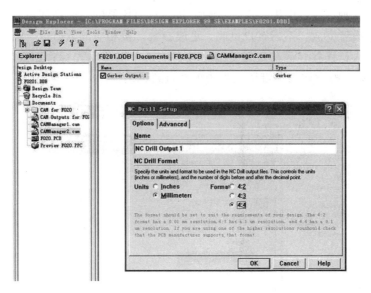

图 11-11 单位、格式比例选择对话框

（6）生成 NC Drill 文件后，按 F9 键或单击鼠标右键选择 Genercte CAM Files 生成 CAM 文件，如图 11-12 所示。

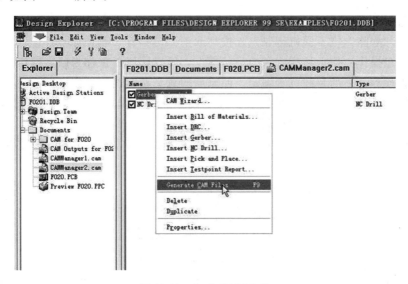

图 11-12 生成 CAM 文件

（7）在项目文件夹中选择 CAM for demo 图标，单击鼠标右键选择 Export 选项，将文件导出至磁盘任意位置，如图 11-13 所示。

11.2.2 雕刻机床参数的设定

1. 机床参数设定

1）机床参数配置

机床参数配置是调整控制卡同机床机械特性一致性的配置，包括脉冲当量、机床尺寸设置、回零设置、主轴设置、电平定义、脉冲定义、对刀仪厚度、丝杆间隙等。建议此参数由厂家设置，一旦设置完成，不需客户更改。更改参数，按相应的数值键，输入完成后按"确定"键保存，输入错误按"删除"键更改，按"取消"键移动光标；更改属性，按"Y＋"和"Y－"键更改；按"取消"键回上级菜单，直到退出。

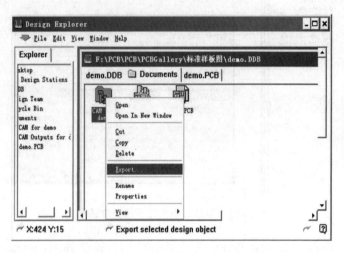

图 11-13　导出 Gerber 数据文件

将手柄通过 50 针连线连接到机床并通电；液晶显示"是否回原点?"，按"确定"键回机床原点，按"删除"键不回机床原点，按"取消"键只有 Z 轴回原点。

（1）回原点操作：原点是指机床的机械零点，所以回原点也称为回零操作。原点位置主要由各种回零检测开关的装载位置确定。回原点的意义在于确定工作坐标系同机械坐标系的对应关系。控制系统的很多功能的实现依赖于回原点的操作，如断点加工、掉电恢复等功能。如果没有回原点操作，上述功能均不能工作。

（2）回原点的设置：回原点参数包括回零运动速度和回零运动方向，修改参数须在菜单中进行。

在操作界面按"模式"键进行步进模式，按"停止"键设置低速网格为 0.05。为确保加工和调试的精度，系统引入了网格的概念，有些系统也称为最小进给量，它的范围为 0.05～1.0 mm。当用户将手动运动模式切换到步进时，按三轴的方向键，机床将以设定的网格距离运动。

2) 进入机器设置

(1) 选择"机床参数配置"：机床参数配置主要是设置同机床的驱动部分、传动部分、机械部分和 I/O 接口部分相配套的参数。这些参数如果设置不正确，将会造成执行文件操作不正常，还有可能造成机械故障和操作人员损伤。建议用户不要随意更改此参数，如果需要更改，请在技术工程师的指导下进行。

(2) 选择"脉冲当量"：脉冲当量是指机械移动 1 毫米所需要的脉冲数，所以它的单位为脉冲/毫米。如果脉冲当量数值设置与机床的实际有差异，在执行文件时，加工出来的文件的尺寸就会同要求的不一致。

(3) 选择"机床尺寸设置"：X 轴与 Y 轴设置为 300 mm，Z 轴设置为 50 mm。机床尺寸指机床的有效运动行程，在这一项中可设置三轴的最大加工尺寸。

如果文件加工范围超出了机床尺寸，在检查代码的过程中系统将会自动提示加工超出范围，如加工超出 X 轴正限位；如果是在手动状态下移动三轴，当位置到达限位时，左上角的"手动"和"停止"快速变换，屏幕上提示超出限位。因为本系统把机床尺寸作为软限位的限制位，所以机床尺寸一定要同实际一致，否则就可能出现超限位或撞轴的现象。

（4）选择"回零设置"：设置"回零运动速度"——选择 X 轴、Y 轴为 3 000 mm/min，Z 轴设置为 1 800 mm/min。设置"回零运动方向"——X 轴、Y 轴设置为负方向，Z 轴设置为正方向。

回零运动速度参数的修改必须依据机床的整体结构而进行。速度如果过高就有可能导致丢步、撞轴，造成机床或原点检测开关损坏。

回零运动方向参数由电机方向和回零开关安装位置确定，同时它还同输入电平定义的属性和回零检测开关属性相关联。

（5）选择"主轴设置"输入主轴状态数为"8"，主轴线性状态分为 8 个档位，设置如下：

	0	1	2	3
0	↓	↓	↓	↓
1	↑	↓	↓	↓
2	↓	↑	↓	↓
3	↑	↑	↓	↓
4	↓	↓	↑	↓
5	↑	↓	↑	↓
6	↓	↑	↑	↓
7	↑	↑	↑	↓

（6）选择"主轴等待延时"为 10 000 毫秒，主轴等待延时为读取完加工文件后等待主轴电机启动到相应频率的时间。

（7）选择"速度限制"将"Z 轴速度限制"负方向设为 500 mm/min，正方向不作限制，X 轴和 Y 轴不作限制。

速度限制是将三轴的运动最高速度加以规定，此功能在于确定三轴在正负方向的速度范围。如果用户规定了最高的速度限制，在执行文件加工和手动运动时，如果用户设定的速度超过了此限制，系统将以限制为最高速度。

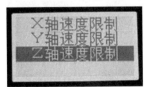

2. 系统参数配置

系统参数配置设置系统的语言、格式化内部数据区、自检功能和系统升级。按"X+"和"X-"键移动光标选择，按"确定"键确认更改。在机器主界面上按"菜单"键进入机器设置，选择"系统参数配置"。

（1）屏幕提示：是否需要掉电保护？按"确定"键，当加工过程中突然停电，系统将保存当前加工参数并在下次来电时继续加工。系统重新通电后，先执行回零操作，屏幕提示：是否恢复掉电保护？按"归零/确定"键确定要开始加工未完成的加工，按"停止/取消"键取消掉电保护不进行加工。

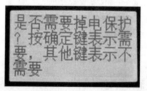

（2）在"请选择语言"中，选择"中文"。

（3）在"请配置回零开关"中，按"Y+"或"Y-"设置为"使能"后按"确定"键。

（4）设置开机时机器是否回零点：将"开机时回零类型"设置为"开机自动回零"后，

按"确定"键。

（5）在"是否保留 Z 轴深度调整值？"中，按"确定"键。

（6）在"系统是否连接有急停开关信号？"中，按"确定"键。

（7）在"系统是否连接有硬限位开关信号？"中，按"确定"键。

（8）在"系统是否采用传统手动方式？"中，按"确定"键。

（9）在"换刀设备配置"中，按"确定"键。

（10）按任意键，系统重新启动后就可以用手柄控制雕刻机。

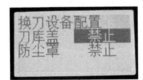

11. 2. 3　雕刻机床的操作

1. 机床操作介绍

（1）移动 X，Y，Z 三轴到指定位置，再按"XY→0"键和"Z→0"键清零以确定工作原点。

（2）按"运行"键，出现"选择文件"项，移动光标选择文件类型，按"确定"键进入 U 盘文件列表或内部文件列表。对于 U 盘文件列表中的文件，按"X＋"和"X－"键移动光标至目标文件，再按"确定"键开始加工；对于内部文件列表中的文件，按文件前相应的数字键选出要加工的文件，按"菜单"键翻页查找文件。

（3）选择加工文件后，出现加工参数配置项，按"X＋"和"X－"移动光标选择不同参数，按"确定"键进入数值设置。数值修改时，若输入错误则按"删除"键删除错误输入，输入完成后按"确定"键确认新数值，按"取消"键回归原有数值。用户必须结合机床的实际情况和加工需要修改上述配置参数，否则会造成加工错误。

（4）加工参数设置完毕后，按"取消"键退出加工参数修改。系统开始检查加工代码，检查完毕后按"确认"键开始加工。

（5）在加工过程中，按"Y＋"和"Y－"键更改速度倍率，按"Z＋"和"Z－"键更改主轴速度。

（6）在加工过程中，按"暂停"键调整三轴的位置；再按"暂停"键提示"原始位置?"，按"暂停"键确认新位置并开始加工，而按"确定"键延续没做更改的位置而继续加工。

（7）在加工过程中，按"停止"键停止加工，提示"保存断点"，如果需要从当前位置重新加工，在机器操作键盘上按"1"，或按"2"、"3"、"4"、"5"或"6"键并按"确定"键，就保存当前的加工；如果不需要继续加工，则再按"停止"键。提示"是否归零?"，按"确定"键回工作原点，按"停止"键不回工作原点。

（8）断点加工：如果需要继续对所保存的未加工的文件进行加工，按"运行"键＋相应的数字键，出现加工参数设置，操作同上述（5）、（6）。按"取消"键，断点所在的文件行号出现；按"确定"键，开始检测代码，检测完毕后即可回到停止的位置开始加工。

（9）掉电加工：在加工过程中，如果发生掉电情况，控制系统会自动保存未加工完的数据。在重新来电后，先按"确定"键回原点，屏幕提示"是否掉电恢复"，按"确定"键开始运行掉电前未完的加工，按"取消"键不执行未完的加工。

（10）加工开始后，系统将实时显示加工中的状态，如速度倍率、加工剩余时间、实时加工速度和文件执行的行号。

2. 手柄组合键的使用

组合键的使用方法是：先按住第一个键，再按第二个键，当相应的内容出现后，同时松开两键，具体功能描述如下。

（1）"菜单"＋"数字"键——切换工作坐标系。

（2）"菜单"＋"轴启"键——对刀。

（3）"运行"＋"数字"键——断点加工。

（4）"运行"＋"高速"键——高级加工。

（5）"确定" ＋ "停止" 键——帮助信息。

3. 手柄菜单的设置和使用

在主界面下，按 "菜单" 键进入菜单项，按 "X＋" 和 "X－" 移动光标选择不同菜单项，再按 "确定" 键进入。

（1）加工参数配置：设置加工中的直线和曲线加速度及 G 代码读取属性的规定，输入数值时按相应数字键，并按 "确定" 键保存更改；更改属性时，按 "Y＋" 和 "Y－" 键，按 "确定" 键保存更改，按 "取消" 键取消更改并返回上级菜单。

（2）系统参数配置：设置系统的语言，格式化内部数据区，自检功能和系统升级；按 "X＋" 和 "X－" 移动光标选择，按 "确定" 键确认更改。

（3）高级加工配置：设置一些特殊加工的文件，如阵列加工配置（可设置阵列的行、列数及行列间距，间距为两中心间距）、铣平面配置、文件维护及其他特殊要求的加工设置。按 "X＋" 和 "X－" 移动光标选择，按 "确定" 键进入子菜单项；输入正确的数值后，按 "确定" 键保存，按 "取消" 键取消更改并返回上级菜单。

（4）版本显示：按 "确定" 键可查看系统的紧急/普通程序号。

4. 手柄高级加工操作

设置好高级加工配置后，按 "运行" ＋ "高/低速" 键进入高级加工菜单，按 "X＋" 和 "X－" 移动光标选择，按 "确定" 键进入，按照提示逐步进行操作。

5. 手柄升级操作

如果系统需要升级，用户可从公司网站下载相应的升级包到 U 盘，并将 U 盘插入控制卡；然后进入系统参数配置，移动光标至系统自动升级并按 "确定" 键；选择 U 盘文件列表，进入后找到升级包文件，再按 "确定" 键，系统将自动升级；升级完成后，根据系统提示按 "确定" 键退出，升级操作完成。

6. 装刀方法

（1）将雕刻刀装入夹头，按下制动钮，先用手拧紧，再用扳手拧紧。

（2）把主轴电机调在低速挡，打开电机电源开关，让雕刻刀旋转起来，看一下刀尖是否跟不旋转时一样尖。若比较粗，则刀安装得偏离中心点，需重装；或开启电机将刻刀落下（与手动对刀方法相似），在双色板上刻一条细线，观察是否又光又细，否则重复装刀直到装正为止。

7. 对刀方法

手动对刀：按功能键进入对刀操作，按 Z－向下落刀，当刀快接近板面时，按手动模式键选用步进的抬落量，继续向下落刀；当距板距离不足 0.1 mm 时，将模式切换为距离，将距离设为 0.01 mm 继续调整，直到刀尖正好接触板面并刺破铜皮。在工作时，也可适时调整雕刻深度，以达到理想效果。

备注：① 对刀的目的是使雕刻机在加工工件时更精准且更美观；② 通常情况下只需对刀一次，在更换刀具或更换加工工件后需要重新对刀；③ 当高转速切割易熔化材料时，需用水冷却。

11.2.4　雕刻机软件的安装

（1）双击打开 Create-DCM 2.0.exe 安装文件，出现安装向导，如图 11-14 所示。

（2）单击"下一步"按钮选择安装路径，也可选择默认安装路径，如图 11-15 所示。

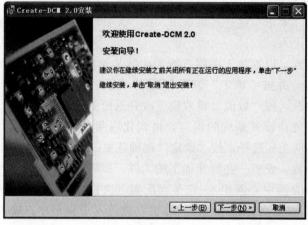

图 11-14　安装向导

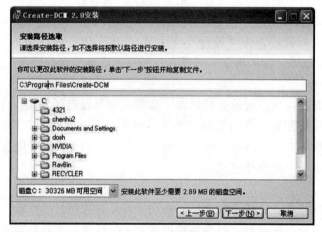

图 11-15　安装路径

（3）确认路径后，单击"下一步"按钮开始安装软件，如图 11-16 所示。

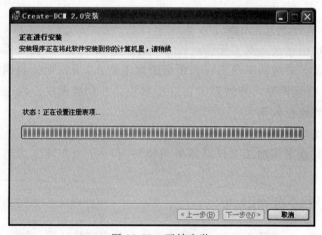

图 11-16　开始安装

（4）Create-DCM 2.0 软件安装完成，如图 11-17 所示，单击"完成"按钮即可打开 Create-DCM 软件。

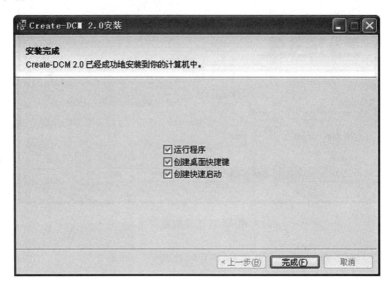

图 11-17 安装完成

（5）打开 Create-DCM 软件，如图 11-18 所示。

图 11-18 打开 Create-DCM 软件

（6）选择菜单命令"设置｜参数设置"，进入参数设置对话框，进行如下设置，如图 11-19 所示。

刀宽：为雕刀规格，可设置适合刀具。

角度：为雕刀角度。

钻头下降：为雕刻深度。

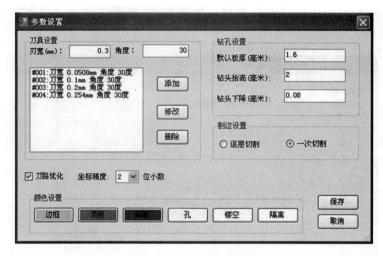

图 11-19　参数设置

钻头抬高：设置 Z 轴清零时，从零点上升的高度。

一次切割：为板厚深度。

逐层切割：雕刻机将使用默认参数分次切割。

11.2.5　雕刻制板的操作步骤

1. 连接手柄

通过数据线将手柄与计算机连接。

2. 打开文件

（1）单击 按钮，打开由 Protel 99 SE 生成的任意一个文件，将电原理图导入 Create-DCM 软件，如图 11-20 所示。

图 11-20　打开文件

（2）打开 Gerber 文件后，可单击鼠标右键将电原理图缩小，单击鼠标左键将电原理图放大，如图 11-21 所示。

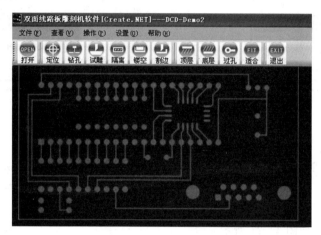

图 11-21　打开 Gerber 文件

3. 定位操作

（1）导入 Gerber 文件后，单击 定位 按钮，出现定位对话框，如图 11-22 所示。

图 11-22　定位对话框

（2）选择"G 代码"按钮将导出"×××.U00"文件（注：×××为电原理图文件名）至桌面文件夹，文件夹名与电原理图名一致，如图 11-23 所示。

图 11-23　导出文件

（3）单击"保存"按钮，提示 G 代码生成完毕，单击"确定"按钮，如图 11-24 所示。

（4）在弹出的对话框中单击"加工"按钮，将文件发送至手柄，定位的主要作用是使原点与雕刻位置一致，完成任务，如图 11-25 所示。

图 11-24　G 代码生成完毕

图 11-25　完成

4. 钻孔操作

（1）单击 按钮，出现"钻孔刀具选择"对话框，如图 11-26 所示。

（2）根据"当前文件孔径"列表框中的数值，选择好钻孔刀直径，单击截图按钮，输出至"已选好刀具"列表框，如需重新设置钻孔刀直径，可单击截图按钮重新设置；根据覆铜板的厚度选择板厚，如图 11-27 所示。

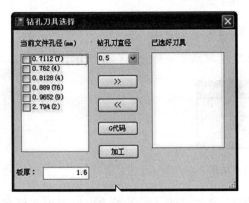

图 11-26　钻孔刀具选择

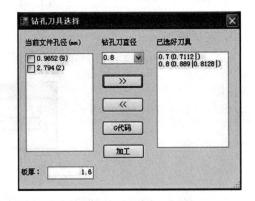

图 11-27　钻孔刀具设置

（3）设置完钻孔刀具后，单击"G 代码"按钮，G 代码生成完毕如图 11-28 所示，同时生成钻孔 U00 路径文件，如图 11-29 所示。

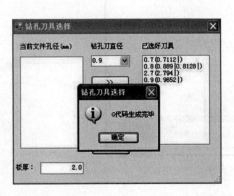

图 11-28　生成 G 代码

图 11-29　生成钻孔 U00 路径文件

注意：每个孔径将单独生成 U00 路径文件。

（4）生成钻孔 U00 路径文件后，在弹出的对话框中单击"加工"按钮，选择需加工的钻孔文件，将文件发送至手柄，如图 11-30 所示。

图 11-30　选择加工的路径文件

5. 试雕操作

（1）单击 🖥️ 按钮，弹出试雕对话框，选择"G 代码"按钮，如图 11-31 所示。

图 11-31　试雕对话框

（2）弹出另存为对话框，单击"保存"按钮，将生成钻孔 G 代码，如图 11-32 所示。

图 11-32　另存为对话框

（3）G 代码生成完毕后，在弹出的对话框中单击"加工"按钮，选中试雕，单击"打开"按钮将文件发送到手柄，通过手柄操作雕刻机完成试雕文件操作。

6. 隔离雕刻操作

（1）隔离雕刻操作分为顶层和底层，单击🔲或🔲按钮可切换至顶层或底层操作。选择顶层，单击🔲按钮，弹出隔离对话框，如图 11-33 所示。

图 11-33 隔离对话框

（2）选择适合的刀具，单击"G 代码"按钮将生成顶层隔离文件，如图 11-34 所示。

图 11-34 生成顶层隔离文件

（3）文件保存后，仿真按钮激活。单击"仿真"按钮，雕刻机软件将模拟运行隔离操作。隔离仿真如图 11-35 所示。仿真主要作用为模拟运行雕刻机所走线路，如果有线路未雕到，可及时发现。

（4）仿真运行后，在弹出的对话框中选择"加工"按钮将文件直接发送到手柄。通过手柄操作雕刻机完成隔离文件操作，待顶层隔离雕刻完之后，生成底层 .U00 文件，按雕顶层的方法进行操作。

7. 镂空雕刻操作

（1）镂空雕刻操作分为顶层和底层，单击🔲或🔲按钮可切换至顶层或底层。选择底层，单击🔲按钮，弹出镂空对话框，如图 11-36 所示。

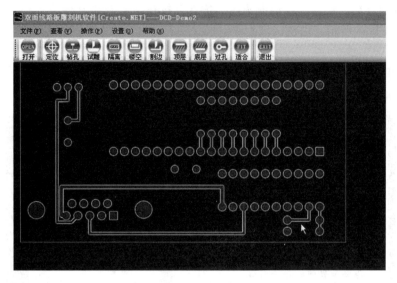

图 11-35　隔离仿真

图 11-36　镂空对话框

（2）选择适合的刀具后，在镂空对话框中单击"G 代码"按钮将生成底层镂空文件，如图 11-37 所示。

图 11-37　生成镂空文件

（3）文件保存后，在镂空对话框选择"仿真"按钮，雕刻机软件将模拟运行镂空操作。镂空仿真如图 11-38 所示，白色区域为镂空区。

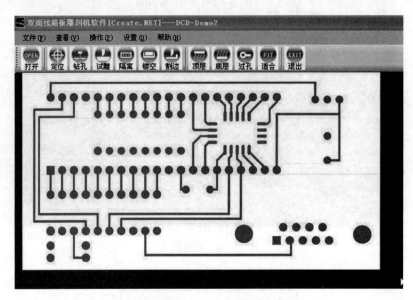

图 11-38　镂空仿真

（4）仿真运行后，在弹出的对话框中选择"加工"按钮，将文件直接发送到手柄，通过手柄操作雕刻机完成镂空操作。

（5）待顶层镂空雕刻完之后，将 PCB 板翻过来，用胶布贴好，将雕刀移至定位孔位置，将此位置设为原点；打开底层镂空雕刻文件，按雕顶层的方法进行操作。

8. 割边操作

（1）单击 ![按钮]按钮，弹出割边对话框，如图 11-39 所示。

图 11-39　割边对话框

（2）单击"G 代码"按钮将生成顶层割边文件，如底层将生成底层割边 U00 文件，如图 11-40 所示。

（3）生成 G 代码后，在弹出的对话框中选择"加工"按钮，将文件直接发送到手柄，通过手柄操作雕刻机完成割边操作。

注：生成的 G 代码，除了将文件直接发送至手柄，还可将文件复制到 U 盘，将 U 盘接入手柄，通过手柄操作需加工的文件；所有 Create-DCM 软件生成的文件都保存在桌面，文件名与电原理图名称一致。

图 11-40 生成顶层割边文件

任务 11.3 化学环保制板

化学环保制板主要以感光板为基本材料，采用简化版的干膜工艺完成双面线路板的快速制作。环保制板与其他双面制板相比具有如下特点：

(1) 制板工艺流程短，制板速度快，精度高；

(2) 能兼顾小批量生产的要求；

(3) 也可跟表面处理工艺结合，完成整套工艺的制作。

环保制板是一种非主流、简易的化学制板法。在制作双面板过程中，需要化学腐蚀与金属过孔，在制作单面板过程中需要化学腐蚀。环保制板是以感光板为基础材料的，通过曝光、显影、腐蚀、钻孔、金属过孔等工艺来完成线路板的全部制作过程。

11.3.1 环保制板机结构

1. 环保制板机的外形及结构

图 11-41 所示为科瑞特 Create-MMP2000 环保制板机的外形及结构。

2. 结构功能说明

① 控制面板：采用友好的人机界面，操作简单便捷，主要用于设备工艺流程控制、工艺参数设置及设备状态显示。

② 电源开关：主要用于控制设备的总电源。

③ 电源接头：通过电源线与外电源相连。

④ 加热管：用于加热各工作槽内的液体，自带温度设定功能。

⑤ 工作槽："显影"、"蚀刻"、"水洗"、"镀镍"、"沉锡"为设备主要工作槽，用于完成相应工艺流程。

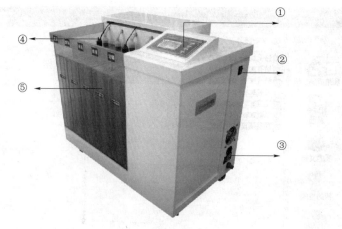

①—控制面板；②—电源开关；③—电源接头；④—加热管；⑤—工作槽

图 11-41　Create-MMP2000 环保制板机

11.3.2　化学环保制板的操作步骤

下面以 Create-MMP2000 环保制板机为例来说明该设备工艺的基本操作步骤：准备→贴底片→曝光→显影→水洗→蚀刻→水洗→脱膜→水洗→金属化过孔→表面防氧化处理。

1. 准备

准备包括底片准备和感光板准备。底片可以使用打印底片或光绘底片；感光板可以直接使用成品感光板或者覆铜板覆压感光材料，如覆干膜等。

注：底片的正负性选择需根据所使用的感光板性质而定，成品感光板底片需使用正片，覆压干膜或者印线路油墨而成感光板需使用负片。

2. 贴底片

绘制好的底片，将顶层和底层对齐（顶层焊盘对齐底层焊盘）并用透明胶带将一边贴好。将感光板插入其中，用透明胶带固定，如图 11-42 所示。

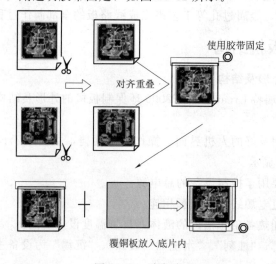

图 11-42　贴底片

3. 曝光

使用外置的 Create-DEM 曝光箱进行曝光。具体操作如下。

（1）将贴好菲林或光绘底片待曝光的双面感光板平放在曝光托盘上，关上压膜，启动真空，待压膜完全贴紧后，推进曝光平台，设置好曝光时间，启动曝光（Create-DEM 曝光箱使用新灯管，曝光感光板线路参考时间为 5 min；依设备灯管的老化情况及实际使用的感光板材不同，请适当调整曝光时间）。

（2）曝光完毕，关闭真空，等待 5～10 s 后，抽出曝光托盘，开启压膜，取出板件进行下一工艺流程。

4. 显影

根据所使用感光材料的不同需配制相应的显影液：干膜及湿膜的显影可使用油墨显影粉按比例配制药液；对于成品感光板，需使用相应专用的感光板显影粉。配制比例及操作条件基本相同：显影液的浓度需控制在 0.8%～1.2% 之间，显影温度需控制在 30 ℃～40 ℃ 的恒温。显影参考参数：30 ℃ 显影 1 min。

5. 水洗

为防止液体交叉污染，经每一道药液后均需进行充分水洗。水洗参考参数：室温时水冲洗 1 min。

6. 蚀刻

蚀刻液的配制：先往显影槽装入 2.5 L 清水，再将 4 包蚀刻剂倒入槽内，搅拌使之充分溶解。蚀刻温度需控制在 45 ℃～55 ℃。

新液蚀刻参考参数：50 ℃ 蚀刻 6 min。

7. 水洗

同前水洗。

8. 脱膜

对于成品感光板，使用无水乙醇将腐蚀完毕的 PCB 板表面的油墨洗去即可；对于印刷线路油墨或者覆感光干膜的感光板，需采用 5% 的油墨脱膜液于 50 ℃ 下进行脱膜处理。

9. 水洗

同前水洗。

10. 金属化过孔

第 1 步：防镀，在感光板面上涂上一层防镀膜。

将 PCB 板放于一张比 PCB 板大的白纸上，取出防镀笔由左向右涂抹于电路板上（注意：手不可接触到电路板上），涂抹速度不可过快，每次需涂抹两次，第一次与第二次之间必须有一些重叠，主要使电路板都能均匀涂抹到防镀剂（注意：电路板未干之前手不可接触电路板）。使用电吹风或烘干机将电路板上的防镀剂烘干。使用相同的方法将电路板另一面涂上防镀剂。

每 2 步：钻孔，务必用钨钢钻针，一般碳钢钻针会造成孔内发黑且可能造成过孔导通不良。

第 3 步：表面处理。作用：清洁孔洞并增加镀层附着力，时间为 2～4 min。

将约 2～3 ml 表面处理剂滴在电路板上，利用毛刷将药剂涂抹于电路板上，用手指挤压电路板使药剂能穿过孔洞，重复上述动作直到孔洞都能充分粘上药剂，完成后将电路板、毛刷用水冲洗干净。

第 4 步：活化。作用：全面吸附上催镀金属，时间为 2～4 min。

将约 1～2 ml 活化液滴在电路板上，利用毛刷将药剂涂抹于电路板上，用手指挤压电路板使药剂能穿过孔洞，重复上述动作直到孔洞都能充分粘上药剂，完成后将电路板、毛刷用水冲洗干净。

第 5 步：剥膜。作用：去除表面防镀剂，使得孔洞附着上催镀金属，时间为 2～4 min。

将约 2～3 ml 剥膜液滴在电路板上，利用毛刷将药剂涂抹于电路板上，用手指挤压电路板使药剂能穿过孔洞，重复上述动作直到孔洞都能充分粘上药剂，完成后将电路板、毛刷用水冲洗干净。

第 6 步：镀前处理。作用：增加全体铜箔与镀层附着力，时间为 2～4 min。

将约 2～3 ml 镀前处理液滴在电路板上，利用毛刷将药剂涂抹于电路板上，用手指挤压电路板使药剂能穿过孔洞，重复上述动作直到孔洞都能充分粘上药剂，完成后将电路板、毛刷用水冲洗干净。

第 7 步：镀镍。作用：铜箔及孔洞镀上一层金属；时间为 20～50 min；温度为 45 ℃～55 ℃。

将处理好的 PCB 板使用不锈钢挂钩挂好，放入镀镍槽里。启动工作槽，镀镍完毕后，提出镀镍槽内并用清水洗净，可看到 PCB 孔内一层银白的镍层。

11. 表面防氧化处理

可以根据实际情况选用化学沉锡或者 OSP 铜进行防氧化处理。

11.3.3　环保制板机的操作说明

1. 准备

首次使用设备时，需先按照要求配制好各槽液体。各工作槽装入液体后，插入加热管，在加热管上设置好温度，并接好电源，打开电源开关，启动设备。

2. 参数设置

按下"SET"键，进入参数设置界面。通过"↑↓"键选择需要设置的工序；按"ENT"键选中，并通过"↑↓"键设置好相应的数值，轻触"ENT"键保存。同样操作可设置其他参数项，全部设置完成后，按"SET"键保存并退出。

3. 操作

待槽体达到设定温度后（玻璃加热管指示灯灭），用不锈钢挂钩将板件挂好，浸入槽体（需保证液位完全浸没板件），通过"↑↓"键选中相应工艺；按"ENT"键运行设备，倒计时开始，待设定时间到，蜂鸣器报警提示；此时按"ENT"键关闭报警，取出板件，水洗，即可进行下一工序。

11.3.4　操作注意事项

（1）设备上电前，需检查液面是否高于设备指示的低液位，防止加热管干烧。

（2）切勿将各反应槽液体混合，否则将导致液体失效。

（3）请不要用手及身体其他部位直接接触各反应槽内的液体，以免化学液体伤害皮肤。

（4）设备长时间闲置时，需切断总电源，并将药液灌装密封保存。

（5）新液蚀刻一块 PCB 板约需 6 min（液温 50 ℃），如超过 45 min 尚未蚀刻完全，请换新蚀刻液。

（6）液温越高蚀刻越快，但请勿超过 60 ℃（蚀刻铜箔时本身也会发热升温）。

任务 11.4　小型工业制板

对于复杂的电路，由于单面板只能在一个面上走线，并且不允许交叉，布线难度很大，布通率往往较低，因此通常只有电路比较简单时才采用单面板的布线方案。对于复杂的电路，通常采用双面板的布线方案。双面板是一种包括顶层（TopLayer）和底层（BottomLayer）的电路板，顶层一般为元件面，底层一般为焊接面；双面板两面都敷上铜箔，因此 PCB 图中两面都可以布线，并且可通过过孔在不同工作层切换走线。相对于多层板而言，双面板的成本不高，对于一般的应用电路，在给定一定面积时通常都能 100％布通，因此目前一般的印制板都是双面板。

下面介绍如何使用科瑞特公司的小型工业制板设备制作具有工业水准的双面板，该套设备具有如下特点：

（1）制板速度较快（批量生产）；

（2）制作精度较高；

（3）具备镀锡、阻焊及字符工艺，焊接容易。

工业制板可分为六大块：底片制作、金属过孔、线路制作、阻焊制作、字符制作、OSP，其流程如图 11-43 所示。

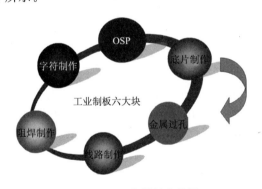

图 11-43　工业制板流程图

11.4.1　底片制作

底片制作是图形转移的基础，根据底片输出方式可分为底片打印输出和光绘输出，本节将介绍采用光绘输出方法制作光绘底片。

1. Gerber 数据文件导出

11.2.1 节中已介绍了如何在 Protel 99 SE 软件环境下导出 Gerber 数据文件。下面将介绍在 Protel DXP 2004 软件环境下导出 Gerber 数据文件，用 Protel DXP 2004 打开该 PCB后，执行如下步骤。

（1）产生 Gerber 数据文件。执行菜单命令 File｜Fabrition Outputs｜Gerber Files，弹出如图 11-44 所示的对话框。

各个选项卡设置如下。

General 选项卡：如图 11-44 所示，此处选择 Millimeters（公制）和 4∶4（整数和小数位数均为 4 位）。

Layers 选项卡：如图 11-45 所示，选择需要导出数据的层，可以直接选择 Plot Layers 下拉列表中的 "Used On"，并选中右边 Mechanical 1 复选框和下方的 Include unconnected mid-layer pads 复选框。

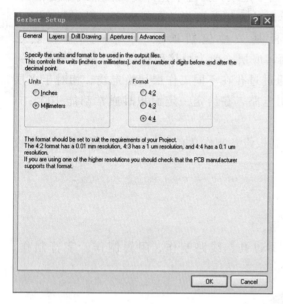

图 11-44　Gerber Setup 对话框

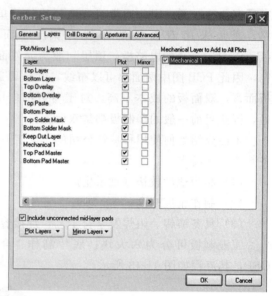

图 11-45　Layers 选项卡

其他选项卡采用默认值即可。

（2）导出 Gerber 数据文件，Gerber 数据文件是导出光绘数据的基础，执行菜单命令 File｜Export｜Gerber，弹出图 11-46 所示的 Gerber 输出对话框。

（3）单击 Settings 按钮，弹出图 11-47 所示的 Gerber 输出设置对话框。并按照图 11-47 所示选择相应的选项，完成后单击 OK 按钮返回图 11-46 所示的状态；再次单击 OK 按钮，弹出图 11-48 所示的对话框。

图 11-46　Gerber 输出对话框

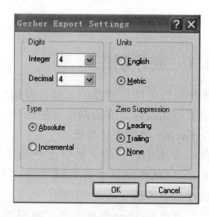

图 11-47　Gerber 输出设置对话框

在此，可以选择对哪些层输出 Gerber 文件，并设置存放路径。不能存放在桌面上，因为 CAM 软件不能从桌面文件导入数据。

2. 导出初始钻孔数据

前面已经导出了印制板各层的数据文件，现在继续使用 Protel DXP 2004 导出初始钻孔数据。

（1）执行菜单命令 File | Fabrition Outputs | NC Drill Files，弹出如图 11-49 所示的对话框。其中，单位选择公制（Millimeters），格式选择 4∶4。单击 OK 按钮后，弹出如图 11-50 所示的钻孔数据导入对话框，并单击 OK 按钮。

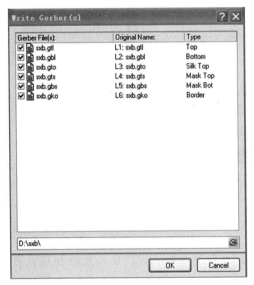

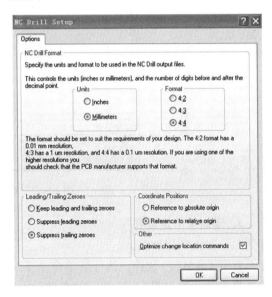

图 11-48　Write Gerber(s) 对话框　　　　　　　图 11-49　NC Drill 设置对话框

（2）现在可以对初始钻孔数据进行导出保存了，执行菜单命令 File | Export | Save Drill，弹出图 11-51 所示的钻孔数据导出对话框。

图 11-50　钻孔数据导入对话框　　　　　　　图 11-51　钻孔数据导出对话框

（3）在 Select Layer 下拉列表中选择 L1：sxb.txt，单击 Units 按钮在弹出的新对话框中，Integer 和 Decimal 均选择 4，单位选择公制（Metric）。单击 OK 按钮后弹出如图 11-52 所示的对话框，设置存放路径。此处将该钻孔数据与之前 Gerber 数据文件存放在一起。

图 11-52　Write Drill 对话框

3. 添加 4 个定位孔

（1）导入各层数据。

打开 CAM350 软件，执行菜单命令 File｜Import｜AutoImport，导入光绘和钻孔各层的数据文件后弹出图 11-53 所示的自动导入对话框。

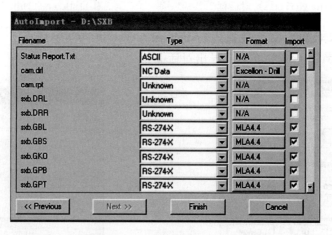

图 11-53　自动导入对话框

单击文件名为 cam.drl 的 Excellon-Drill 按钮，在弹出的对话框中 Integer 和 Decimal 均选择 4，单位选择公制（Metric），并选择 Apply to All 选项。完成以上设置后，单击 Finish 按钮。导入 GBL、GBS、GTL、GTS、GKO、GTO 和钻孔数据后得到的 CAM 编辑视图如图 11-54 所示。

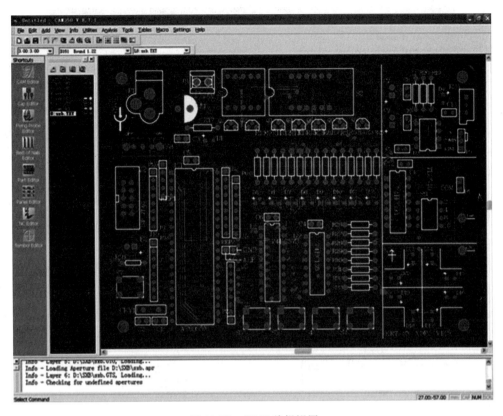

图 11-54　CAM 编辑视图

（2）为后面添加定位孔的方便，先进行如下设置。

a：设置鼠标移动精度。执行菜单命令 Settings | Unit，选择 1/10 000 后单击 OK 按钮。

b：一些常用快捷键。

＋：对图进行放大。

－：对图进行缩小。

S 键：使鼠标任意移动。

W 键：方框选择。

F 键：使焊盘空显。

（3）执行菜单命令 Tables | NC Tool Tables，弹出图 11-55 所示的对话框。

在此，可看到焊盘的孔径尺寸不一，需要对其进行修改、整合，使其满足实际钻头的直径大小。比如，0.762 0 和 0.812 8 应该改为 0.5，将 2 类孔径的尺寸整合为一类；添加一个直径为 3 mm 的定位孔，在 Tool Num 中添加一个孔径为 3 mm 的定位孔，编号紧随前面编号。单击 Combine Tools 按钮删除重复数据，在弹出的对话框中单击 YES 按钮，弹出图 11-56 所示的整合孔径对话框。

选择图 11-56 左边的孔径大小，如果右边的选单里有与左边的孔径大小一样的，双击该数据，删除之。完成后单击 Done 按钮，返回如图 11-55 界面。这时，可发现重复的数据已经不见，剩下一些孔径大小不一样的，单击 Renumber Tools 按钮，对焊盘孔径重新编号，单击 OK 按钮退出。

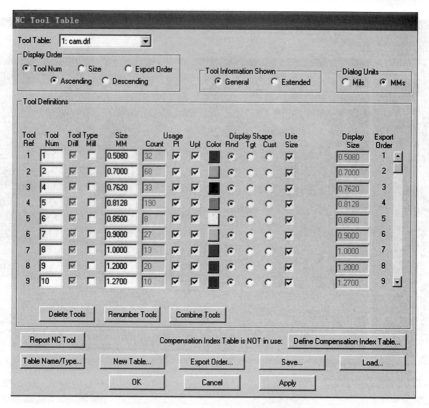

图 11-55　NC Tool Tables 对话框

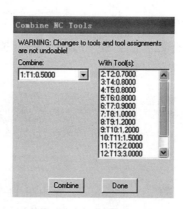

图 11-56　整合孔径对话框

（4）转入 NC 编辑器。

打开所有层，最后选中 cam. drl 这层。执行菜单命令 Tools｜NC Editor，在左上方选择所要添加的孔径直径大小，这里为 3 mm。按一次"F"键，使焊盘空显。

（5）添加 4 个定位孔。

先用鼠标在 PCB 图左上角左击一次确定原点后，再执行菜单命令 Add｜Drill Hit，将看到鼠标上黏附一个带十字形的圆，双击右下角处显示鼠标坐标的地方，弹出如图 11-57 所示的对话框，在此设置定位孔的坐标。这里选择实数 Rel 选项，X＝－5、Y＝5，这样就设定好左上角的定位孔了；同样方法可设定另外 3 个定位孔。

图 11-57　定位孔坐标定位对话框

添加好 4 个定位孔后，视图如图 11-58 所示。

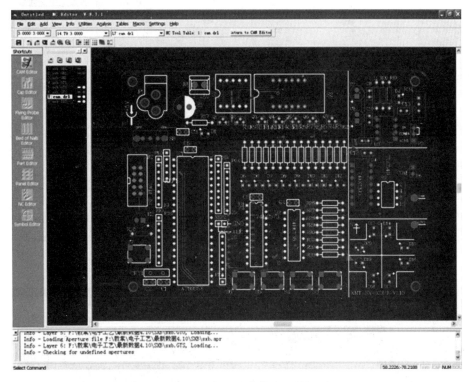

图 11-58　添加 4 个定位孔后的视图

（6）添加 4 个定位孔符号。

单击图 11-58 右上角的 Return to CAM Editor 按钮返回 CAM 编辑界面，选中 GKO＋任意一层（除了 drl 和 txt），按 "A" 键，弹出如图 11-59 所示的定位孔符号对话框，为定位孔选择一个定位符号，Shape 下拉列表项一般选择 "Target"，孔径设为 3，分别对位到原 4 个定位孔。定位孔符号添加方法类似定位孔，具体添加方法如下。

① 选中 GKO＋任意一层（除了 drl 和 txt）视图如图 11-60 所示。

② 按 "A" 键，弹出如图 11-59 所示的对话框，Shape 一般选择 Target，并设置定位孔符号直径，这里设为 3，完成后单击 OK 按钮退出。

③ 用鼠标选择边框左上角作为原点（左击一下即可）。

④ 执行菜单命令 Add｜Flash，双击右下角处显示鼠标坐标的地方，弹出如图 11-57 所示的对话框。在此设置定位孔符号的坐标，选择实数 Rel 选项，X＝－5、Y＝5，X、Y 轴的坐标必须与对应的定位孔的坐标值一致，这样就设定好左上角的定位孔符号了。同样方法可设定另外 3 个定位孔符号。

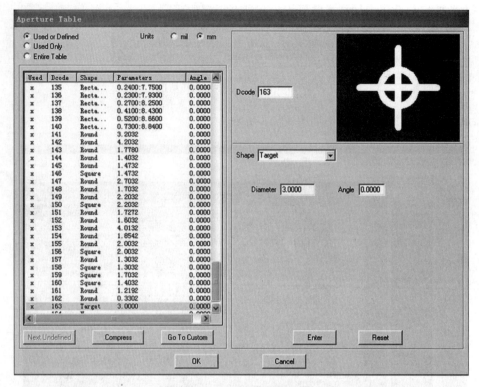

图 11-59　定位孔符号对话框

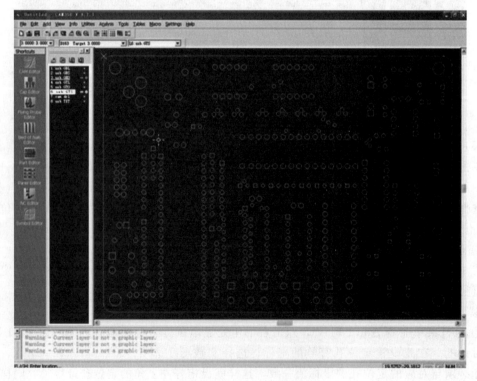

图 11-60　GKO＋GTS 视图

添加好定位孔符号后的视图如图 11-61 所示。

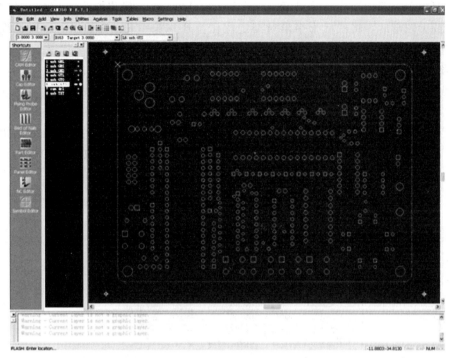

图 11-61　添加定位孔符号后的视图

（7）将定位孔符号复制到其他层。

执行菜单命令 Edit｜Copy，按 W 键，框选中 4 个定位孔符号，可以看到符号显现为白色。单击 CAM 编辑界面的 To Layers 选项卡，弹出如图 11-62 所示的对话框，选中 GBL、GBS、GKO、GTL、GTO、GTS 六层，单击 OK 按钮退出。这样定位孔符号就复制到以上六层了。

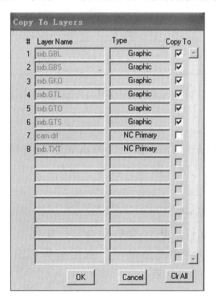

图 11-62　Copy To Layers 对话框

（8）确定 PCB 原点，为后面的自动钻孔做准备。

执行菜单命令 Edit｜Change｜Origin｜Space Origin，一般将左上方定位孔作为原点，按"＋"放大图形后，将鼠标十字形对准定位孔符号左击一下，会弹出一个对话框，选择"是"按钮对其忽略，即确定好原点。

4. 导出光绘文件和钻孔文件

至此，所有编辑、设置工作已经全部结束。现在进行导出光绘和钻孔文件的操作。

（1）导出光绘文件。

执行菜单命令 File｜Export｜Gerber Data，弹出如图 11-63 所示的对话框，这里可以设置保存路径。如果更改默认的保存路径，必须单击 Apply 按钮使更改路径的设置生效；默认值已选中 GBL、GBS、GTL、GTS、GKO、GTO 六层，按照默认值即可，选择 OK 按钮退出。

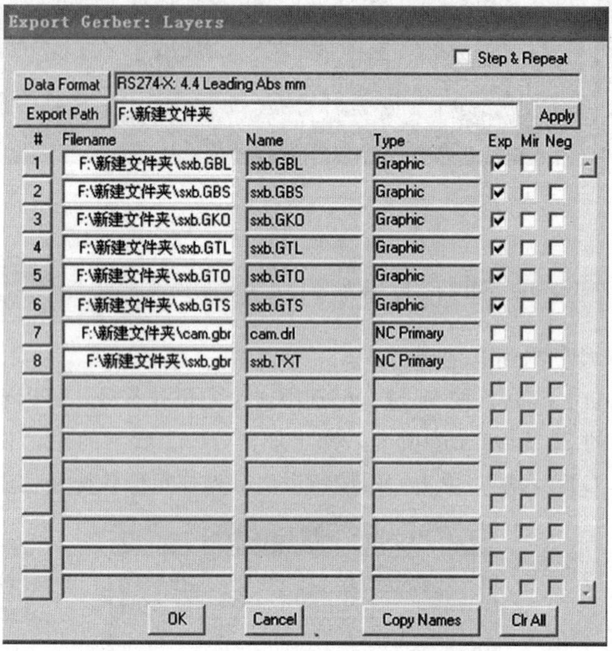

图 11-63　Export Gerber：Layers 对话框

（2）导出钻孔文件。

执行菜单命令 File｜Export｜Drill Data，弹出如图 11-64 所示的对话框。选择最后 2 个后缀名为 drl 的钻孔文件，在此同样可以更改保存路径，其他按照默认值即可，选择 OK 按钮退出。

5. 印制板底片制作

打开 WD2000 光绘系统软件，执行菜单命令"F 文件｜D 拼版打开"，打开之前导出 Gerber 数据所在文件夹，选择将要光绘的层。双层板为 GBL、GTL、GBS、GTS、GTO，共 5 层。弹出如图 11-65 所示的对话框。

图 11-64   Export Drill Data 对话框

图 11-65   Gerber 参数对话框

连续单击"确定"按钮 5 次（共导出 5 层）后，得到如图 11-66 所示的视图。

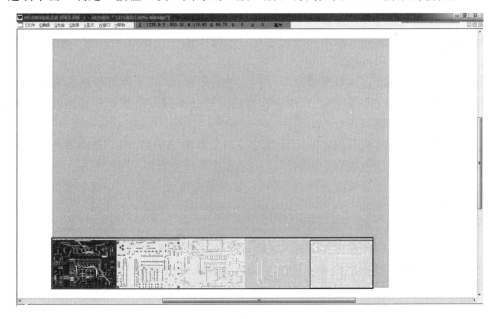

图 11-66   拼版前视图

对各层进行排版布局，必须在蓝色区域内，按 Page Up、Page Down 键可分别对视图进行放大、缩小。在此注意：选中字符层（GTO），执行菜单命令"选择｜负片"，选中底层（GBL）、底层阻焊层（GBS）；执行菜单命令"选择｜镜像｜水平"。排版完成后，得到如图

11-67 所示的视图。

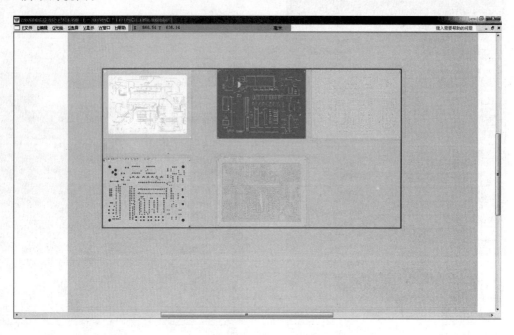

图 11-67   排版后视图

这里光绘设备采用的是科瑞特公司生产的 LGP 2000 激光光绘机。联机后，启动负压泵，关闭计算机显示器再装片操作。手动上片时，药膜面朝外（底片缺口在左上），并确保底片与滚筒紧密吸合，无漏气现象，防止飞片。待激光光绘机显示屏显示"按确认键开始"后，按"确认"键启动照排机。

返回光绘软件主界面，执行菜单命令"F 文件｜E 输出"，选择直接输出方式；照排完毕后，激光光绘机显示"照排结束"；按确认键后，停止照排；待滚筒停止运转后，取出底片，注意此时的底片不能见光。

将底片送入自动冲片机，该处采用科瑞特公司生产的 AWM 3000 自动冲片机，经过显影、定影后，就完成了印制板底片的制作，此时底片可以见光。

具体参数设置如下：显影液温度为 32 ℃，定影液温度设为 32 ℃，烤箱温度设为 52 ℃，走片时间设为 48 s。

6. 自动钻孔

面对复杂的电路，必然有很多焊盘、过孔或定位孔，如果采用人工方式进行钻孔，工作量将非常大，而且精度不高。因此，目前工业上的钻孔均采用数控钻铣机，速度快、精度高。这里同样采用科瑞特公司生产的 VCM 3000 数控钻铣机进行钻孔操作。

自动钻孔的操作步骤如下。

（1）首先，将电路板固定在钻铣机的加工面板上，用胶布粘好。

（2）启动钻铣操作软件 JTNC，进入 JTNC 主界面，如图 11-68 所示。单击左上方的钻孔，文件类型选择 Gerber 数据文件（＊.drl），选择名为 cam.drl 的钻孔文件，导入钻孔文件后的 JTNC 界面如图 11-69 所示。

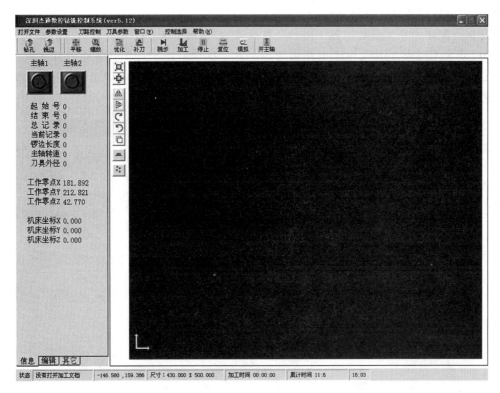

图 11-68　JTNC 主界面

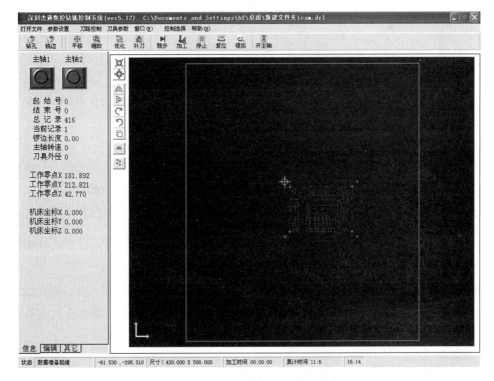

图 11-69　导入钻孔文件后的 JTNC 界面

（3）JTNC 操作软件参数设置。

① 执行菜单命令"参数设置｜用户参数设置"，弹出如图 11-70 所示的对话框。通过移动 X 轴、Y 轴使主轴的钻头位于电路板的左上方，这样就设定好工作零点，此工作零点与前面钻孔文件零点对应；单击"工作零点"的标定，确定工作零点，单击"保存"按钮后单击"返回"按钮退出。

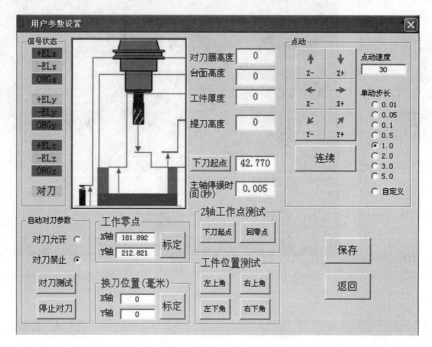

图 11-70　用户参数设置对话框

② 执行菜单命令"刀具参数｜刀具参数设置"，可以设置对哪些尺寸大小的孔进行操作及钻孔速度设置等。用鼠标左击"优化"按钮，经过优化后同一孔径的孔在同一区域中，自动按最短距离排序。

（4）钻孔操作。

用鼠标左击左方主轴 1 的指示灯，再单击上方工具栏中的"开主轴"，主轴速度以 24 000 r/min 左右为宜，这样便启动了主轴 1；单击"复位"按钮，使主轴 1 复位；最后单击"加工"按钮，即可对电路板进行钻孔操作。当某一孔径的孔加工完毕后，会提示更换另一种规格大小的钻头。

11.4.2　孔金属化

孔金属化是双面板和多层板的孔与孔间、孔与导线间导通的最可靠方法，是印制板质量好坏的关键，它采用将铜沉积在贯通两面导线或焊盘的孔壁上，使原来非金属的孔壁金属化。在双面板和多层板电路中，这是必不可少的工序。

1. 抛光处理

功能：去除电路板金属表面氧化物、保护膜及油污，进行表面抛光处理。这里采用的是科瑞特公司生产的全自动线路板抛光机，该机集送入、刷磨、水洗、吸干、送出于一体，具有板基双面抛光的特点。

抛光机开机顺序：合上电源开关—接通水源；开启刷辊喷淋管—开启刷辊 1、刷辊 2；热风机—开启传送开关—摆放工件。速度中速，抛光效果较好。

2. 沉铜

孔金属化过程需经过去油、浸清洗液、孔壁活化通孔、化学沉铜、电镀铜加厚等一系列工艺过程才能完成。化学沉铜被广泛应用于有通孔的双面板或多层板的生产加工中，其主要目的在于通过一系列化学处理方法在非导电基材上（主要指孔壁）沉积一层导电体，即通过氧化—还原反应，让镀铜液中的铜离子还原为铜单质覆盖在导电体上。化孔要求金属层均匀、完整，与铜箔连接可靠，电性能和机械性能符合标准。

这里采用的是科瑞特公司生产的 PHT 4500 智能沉铜机。在智能沉铜孔机上进行导电体沉积，步骤如下。

（1）预浸：5 min，去除孔内毛刺和调整孔壁电荷。

（2）水洗：1 min，防止预浸液破坏下个环节的活化液。

（3）烘干：将电路板至于烘干箱，温度设为 100 ℃，烘干 5 min，防止液体堵孔（针对小孔）。

（4）活化：5 min，通过物理吸附作用，使孔壁基材的表面吸附一层均匀细致的石墨碳黑导电层。

（5）通孔：1 min，垂直上下两次换边，只要看见孔都通了即可。活化后孔内全已堵上，需使孔内畅通无阻。注意：时间超过 1 min，将吸掉孔壁上活化液，导致活化失败。

（6）烘干：将电路板置于烘干箱，温度设为 100 ℃，烘干 5 min，短时间高温处理，以增进石墨碳黑与孔壁基材表面之间的附着力。

（7）微蚀：0.5 min，为确保电镀铜与基体铜有良好的结合，必须将铜上的石墨碳黑除去。

（8）水洗：1 min，去除微蚀液。

（9）抛光：去除表面氧化物。

3. 镀铜

在 CPC 5000 智能镀铜机进行镀铜操作，利用电解的方法使铜离子还原成铜单质沉积在工件表面，以形成均匀、致密、结合力良好的金属铜层。步骤如下。

（1）用金属夹具将沉好导电体（石墨）的电路板拧紧接好，将电路板需要镀铜的部分浸入镀铜液中，不锈钢夹具挂钩拧紧接好在镀铜机阴极杆上。

（2）调节电流到适宜电流大小，对于单面板按 1.5 A/dm^2 计算电流大小，双面板翻倍。

（3）电镀：电镀时间以 30 min 左右为宜，待电镀完成时，取出电路板用清水冲洗干净，放入抛光机内刷光。

（4）最后，将电路板置于烘干箱进行烘干，让铜与孔壁结合得更好，温度设置为 100 ℃，烘干 5 min。

11.4.3   线路制作

线路制作的目的是将底片上的电原理图像转移到电路板上，具体方法有丝网漏印法、光化学法等。现在主要介绍光化学法中的光敏湿膜法，该法适用于品种多、批量的印制电路板生产。它的尺寸精度高，工艺简单，对于单面板或双面板都能适用。光敏湿膜法的主要工艺流程为：电路板表面处理（BFM2000）→丝印感光油墨（MSM2000）→油墨固化（PSB3000）→曝光（EXP3600－实际用 EXP3300 图片）→显影（DPM6000）→镀锡（CPT4000）→去膜（ARF4000）→腐蚀（AEM6000）→检测。其工艺流程图如图 11-71 所示。

1. 光敏湿膜法具体操作步骤

（1）电路板表面处理：一般采用抛光机进行抛光处理，清除表面油污，以便湿膜可以牢固地粘贴在电路板上。

（2）固定丝网框：将准备好的丝网框固定在丝印台上，用固定旋钮拧紧。

（3）放置边角垫板：在丝印机底板放置好两块边角垫板，主要方便进行双面油墨印刷，当印刷完一面再印刷另一面时，防止与工作台面接触使油墨受损。

（4）放板：把需要印刷油墨的覆铜板放上去，摆放好位置。

（5）调节丝网框的高度：调节丝网框的高度主要是为了避免在印刷油墨时丝网与电路板粘在一起，丝网框前部（被固定处）的铝合金框架离丝印台面约 15 mm，丝网框后部的铝合金框架离丝印台面约 8 mm。

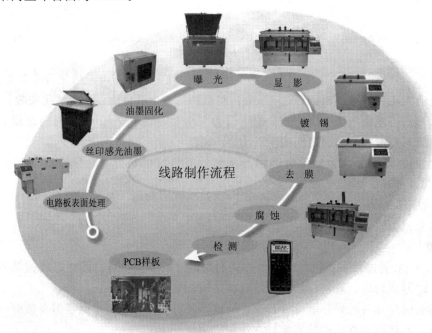

图 11-71 光敏湿膜法线路制作工艺流程

（6）提取适量的蓝色感光油墨放在丝网上，先用手将丝网框提高一点，在丝网上表面来回轻刮一次（均匀预涂），使丝网表面均匀分布一层线路油墨（注意：不要将油墨刮到覆铜板上）；然后，将丝网框平放，双手握住刮刀，方向斜上 45 ℃均匀从下往上用力推过去，对于双面板两面均要刷上蓝色感光油墨。

（7）刮好感光油墨的电路板需要烘干，将电路板置于烘干箱竖放。根据感光油墨特性，烘干箱温度设置为 75 ℃，时间约为 25 min。

2. 线路对位

线路对位是在刮好感光线路油墨的电路板上进行。打开曝光机的对位灯，将底片与电路板进行对位，判断标准是底片上所有的孔全部遮盖了线路板的孔。

3. 线路对位曝光

曝光的基本原理是在紫外光照射下，光引发剂吸收了光能分解成游离基，游离基再引发光聚合单体进行聚合交联反应，反应后形成不溶于稀碱溶液的体型大分子结构。这里采用的是科瑞特公司生产的 EXP3600 曝光机，该曝光机的有效曝光面是底面，曝光是对已经对位好的电路板进行曝光，曝光的部分被固化，经光源作用将原始底片上的图像转移到感光底版上，在后续流程中通过显影可呈现图形。

线路对位曝光操作步骤如下。

（1）图形对位：将顶层线路底片和底层线路底片通过定位孔分别与电路板两面（底片的放置按照有形面朝下，背图形面朝上的方法放置）对位好并用透明胶固定。

（2）抬起上罩框，将上一步的电路板放于曝光机的玻璃板上。

（3）落下上罩框，并将玻璃板推进曝光机内。

（4）启动曝光机，曝光时间设置为 20 s（备注：时间设置与曝光灯管已使用有效曝光时间有关，实际操作中需要曝光试板）。

（5）按下真空启动按钮，待真空表指针稳定后，按下曝光启动按钮，开始曝光。

（6）曝光结束后，拉出玻璃板，抬起上罩框将电路板翻一面，重复（2）～（6）步骤。

注意：曝光操作必须在暗室进行；曝光机不能连续曝光，中间间隔至少 3 min。

4. 线路显影

显影是将没有曝光的湿膜层部分除去，得到所需电原理图的过程。显影原理：由于底片的线路部分是黑色的，而非线路部分是透明的，经过曝光流程后，线路没曝光，被保护起来，而非线路曝光了，曝光部分的线路感光油墨被固化了，而没有曝光的线路感光油墨没有被固化，经显影后可去掉。

显影操作前需严格控制显影液的浓度和温度，显影液浓度太高或太低都易造成显影过头或不净。显影时间过长或显影温度过高，都会对湿膜表面造成劣化，在电镀或碱性蚀刻时出现严重的渗镀或侧蚀。

这里采用的是科瑞特公司生产的 DPM6000 全自动显影机，显影操作方法如下。

（1）开启加热开关，工作温度设置为 45 ℃。

（2）当温度加至 45 ℃时，启动传动开关。

（3）启动显影按钮，将线路板放在滚轮上。

（4）显影完成后用清水清洗干净。

（5）首次显影时，为了掌握最佳显影时间和双面板显影速率，应先试显影一块双面板观察显影效果，如果显影不彻底应调慢传送速度，如果两面显影不一则需调节上下球阀的开通角度，调节显影压力，直到效果满意为止。

5. 镀锡

化学电镀锡主要是在电路板部分镀上一层锡，用来保护线路部分（包括器件孔和过孔）不被蚀刻液腐蚀。镀锡与镀铜原理一样，只不过镀铜是整板镀铜，而镀锡只对线路部分镀锡；镀锡前，将电路板进行微蚀，进一步去除残留的显影液，再用清水冲洗干净。

这里采用的是科瑞特公司生产的 CPT4000 智能镀锡机，操作步骤如下。

（1）用夹具将显影后的电路板拧接固定好，并置于化学镀锡机中。

（2）设置电流大小：电流标准为 0.5 A/dm²，这里的面积指布线有效面积（即露铜面积），非线路板面积。

（3）电镀：电镀时间大约为 20 min，完成后取出电路板。

6. 去膜

将前一步的电路板放入脱膜液，将被固化的线路感光油墨清理，露出覆铜部分，为下一步对铜的腐蚀做准备。去膜后，将电路板用清水清洗干净。

7. 腐蚀

腐蚀是以化学的方法将线路板上不需要的那部分铜箔除去，使之形成所需要的电原理图。这里采用的是科瑞特公司生产的 AEM6000 全自动腐蚀机，腐蚀操作方法如下。

（1）开启加热开关，工作温度设置为 45 ℃。

（2）当温度加至 45 ℃时，启动传动开关，传动速度要根据经验设定（传动速度与液体温度、液体浓度有关）。

（3）启动腐蚀按钮，将电路板放在滚轮上。

（4）腐蚀完成后用清水清洗干净。

8. 褪锡

该步的目的是去除锡层，露出铜层，有利于高要求的工业生产级别焊接；若是实验实训，则不需要褪锡。这里采用的是科瑞特公司生产的 AES6000 全自动褪锡机，具体操作步骤如下。

（1）通电自检：开启电源后，系统进入自检状态，自检后会自动进入主界面。

（2）按键功能及参数。"传送"键：可选择传送电机的前进、暂停状态，选后需按确定键。"时间"键：可设置时间的长短，选择此键后，液晶屏上显影温度的数字会闪烁，再按"+"或"－"就可以设置时间，再按确认键即可。参数设置完毕后，按"启动"键退出界面回到主界面。

褪锡后将电路板用清水清洗干净。

9. 抛光

抛光的目的是去除电路板表面的残留物和氧化层。

10. 烘干

烘干的目的是将线路板烘干，将线路板置于烘干箱，温度设为 100 ℃，烘干 3～5 min。

11. 检测

对烘干后的线路板用万用表检测线路通断、过孔通断和元器件孔的通断。

11.4.4 阻焊制作

阻焊制作是将底片上的阻焊图像转移到腐蚀好的电路板上，它的主要作用有：防止在焊接时造成线路短路现象（如锡渣掉在线与线之间或焊接不小心等）。如果线路板需要做字符层必须要做阻焊层，它的制作流程与线路显影前 5 个工艺流程一样，其工艺流程图如图 11-72 所示：电路板表面处理→丝印阻焊油墨→油黑固化→曝光→显影目测→阻焊样板。

1. 具体操作步骤

（1）电路板表面处理：一般采用抛光机进行抛光处理，清除表面油污，以便湿膜可以牢固地粘贴在电路板上。

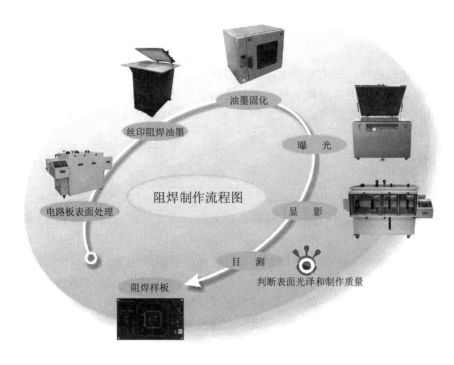

图 11-72　阻焊制作工艺流程

（2）固定丝网框：将准备好的丝网框固定在丝印台上，用固定旋钮拧紧。

（3）放置边角垫板：在丝印机底板放置边角垫板，主要用于刮双面板，当刮完一面再刮另一面时，防止与工作台面摩擦使油墨受损。

（4）放板：把需要刮油墨的电路板放上去，摆放好位置。

（5）调节丝网框的高度：调节丝网框的高度主要是为了避免在印刷油墨时丝网与电路板粘在一起，丝网框前部（被固定处）的铝合金框架离丝印台面约 15 mm，丝网框后部的铝合金框架离丝印台面约 8 mm。

（6）提取适量的阻焊油墨放在丝网上，先用手将丝网框提高一点，在丝网上表面来回轻刮一次，使丝网表面均匀分布一层阻焊油墨（注意：不要将油墨刮到电路板上）；然后，将丝网框平放，双手握住刮刀，方向斜上 45 度均匀用力从下往上推过去。对于复杂双面板两面均要刮上阻焊油墨，阻焊油墨由感光阻焊油墨和阻焊固化剂配置，其比例为 3∶1。

（7）刮好阻焊油墨的电路板需要烘干，将电路板置于烘干箱竖放。根据阻焊油墨特性，烘干箱温度设置为 75 ℃，时间为 20 min 左右。

2. 阻焊对位

阻焊对位是在印好阻焊油墨的电路板上进行阻焊底片图形对位，根据 CAM 软件里设置的定位孔，将顶层阻焊底片（GTS）、底层阻焊底片（GBS）分别与电路板两面进行定位。

3. 阻焊曝光

阻焊曝光方法同线路曝光，不同的是阻焊曝光时间为 80 s（备注：时间设置与曝光灯管已使用有效曝光时间有关，实际操作中需要曝光试板）。

4. 阻焊显影

阻焊显影步骤同线路显影。

5. 阻焊固化

阻焊固化也就是烘干，它主要是电路板在阻焊显影后要让其固化，使阻焊油墨在焊接时不易脱落；若做完阻焊后不需要做字符，则需要固化阻焊层。阻焊固化与阻焊烘干操作方法一样，只有时间和温度需要调节，固化时间为 30 min，固化温度为 150 ℃。若做完阻焊后需要做字符，则不需要固化。

11.4.5　字符制作

字符制作主要是在做好的电路板上印上一层与元器件对应的符号，在焊接时方便插贴元器件，也方便了产品的检验与维修。字符制作较为简单，其工艺流程如图 11-73 所示。具体步骤如下。

（1）刮感光字符油墨：操作方法同刮感光线路油墨和阻焊油墨。

（2）烘干：将电路板放在烘干箱内烘干，烘干箱温度设为 75 ℃，时间为 20 min。

（3）曝光：操作方法同线路曝光，不同的是这里曝光时间设为 45 s（备注：时间设置与曝光灯管已使用有效曝光时间有关，实际操作中需要曝光试板）。

（4）显影：操作方法同阻焊显影。

（5）水洗：将电路板用清水清洗干净。

（6）烘干：高温烘干的目的是进一步固化字符油墨和阻焊油墨，烘干箱温度设为 150 ℃，时间设为 30 min。

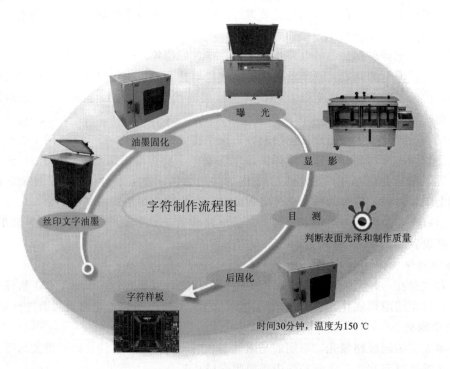

图 11-73　字符制作工艺流程

11. 4. 6   OSP 工艺

OSP 工艺是在焊盘上形成一层均匀、透明的有机膜。该涂覆层具有优良的耐热性，能适用于各种助焊和锡膏。OSP 工艺与多种最常见的波峰焊助焊剂，包括无清洁作用的焊剂均能相容，它不污染电镀金面，是一种环保制作过程。

这里采用的是科瑞特公司生产的 OSP4000 铜防氧化机，启动电源，在系统状态下按 SET 键设置每个工序的时间，它们分别为：除油 2 min、水洗 1 min、微蚀 0.5 min、酸洗 1 min、水洗 1 min、成膜 3 min。

各部功能如下。

（1）除油：除去电路板焊盘上的油污，除油效果的好坏直接影响到成膜品质，除油不良将导致成膜厚度不均匀。

（2）水洗：将电路板上的除油液清洗干净，防止板上剩余除油液带入微蚀槽，污染微蚀液。

（3）微蚀：微蚀的目的是形成粗糙的铜面，便于成膜，微蚀的厚度直接影响成膜速率。因此，要形成稳定的防氧化膜，保持微蚀厚度的稳定是十分重要的，一般将微蚀厚度控制在 $1.0 \sim 1.5~\mu m$ 比较合适。

（4）酸洗：去除板材上的氧化物。

（5）水洗：防止板材上剩余的酸洗液带入成膜槽，污染成膜液，所以经酸洗后的板材应水洗干净。

（6）成膜：在铜表面形成铜防氧化膜。

至此，一个具有工业水准的电路板（双面板）已经基本完成，最后一步是铣边。前面已经导出了边框层的 Gerber 数据，铣边操作同钻孔基本一样，不同的是铣削速度设为 1，速度太快易造成边框粗糙。

在此，为了能对电路板精确铣边可采取如下方法：先在数控钻铣床的垫板上对四个定位孔钻孔，再将电路板放在垫板上并对位好，最后用销钉固定好，进行铣边。

项目小结

本项目主要介绍了现阶段应用最为广泛的单、双面印制板的四种方法及操作步骤，分别为热转印制板、雕刻制板、化学环保制板、小型工业制板。文中的快速线路板制板设备是以湖南科瑞特科技股份有限公司产品为例，如果采用别的制板公司设备其基本原理是相同的，读者可以查阅相关资料自己动手实践。

项目练习

1. 运用热转印制板方法制作项目 10 中光电隔离电路的 PCB 板。
2. 运用雕刻制板方法制作项目 10 中光电隔离电路的 PCB 板。
3. 运用化学环保制板方法制作项目 10 中单片机实时时钟电路的 PCB 板。
4. 运用小型工业制板方法制作项目 10 中单片机实时时钟电路的 PCB 板。

参 考 文 献

[1] 叶建波，余志强．EDA 技术：Protel 99 SE & EWB 5.0．北京：北京交通大学出版社，2005．

[2] 夏路易，石宗义．电路原理图与电路板设计教程 Protel 99 SE．北京：北京希望电子出版社，2002．

[3] 及力．Protel 99 SE 原理图与 PCB 设计教程．北京：电子工业出版社，2004．

[4] 郭勇，董志刚．Protel 99 SE 印制电路板设计教程．北京：机械工业出版社，2004．

[5] 黄明亮．电子 CAD：Protel 99 SE 电路原理图与印制电路板设计．北京：机械工业出版社，2008．

[6] 郭兵．电子设计自动化（EDA）技术及应用．北京：机械工业出版社，2003．